DeepSeek实操教程

从入门到精通

张宇明 黄宇慧 著

国文出版社
·北京·

图书在版编目（CIP）数据

DeepSeek 实操教程：从入门到精通 / 张宇明，黄宇慧著. -- 北京：国文出版社，2025. -- ISBN 978-7-5125-1967-1

I. TP18

中国国家版本馆 CIP 数据核字第 2025JT2568 号

DeepSeek 实操教程：从入门到精通

作　　者	张宇明　黄宇慧
责任编辑	张　茜
责任校对	陆梦婷
出版发行	国文出版社
经　　销	全国新华书店
印　　刷	天津中印联印务有限公司
开　　本	710 毫米 ×1000 毫米　　16 开 12.5 印张　　　　　　　　210 千字
版　　次	2025 年 5 月第 1 版 2025 年 5 月第 1 次印刷
书　　号	ISBN 978-7-5125-1967-1
定　　价	58.00 元

国文出版社

北京市朝阳区东土城路乙 9 号　　邮编：100013

总编室：(010) 64270995　　传真：(010) 64270995

销售热线：(010) 64271187

传　真：(010) 64271187-800

E-mail：icpc@95777.sina.net

目 录

第一章 人工智能的历史与发展

1.1 人工智能的早期设想与理论萌芽（1940 年代—1950 年代）   001

1.2 人工智能的早期探索与"黄金时代"（1956—1970 年代）   002

1.3 第一次"AI 寒冬"与学术转型（1970 年代末—1980 年代初）   004

1.4 专家系统的兴起与第二次 AI 复兴（1980 年代）   005

1.5 机器学习的兴起与深度学习的曙光（1990—2009）   007

1.6 深度学习革命与人工智能的爆炸性进展（2010—2020）   009

1.7 大模型时代：通用人工智能的曙光（2020—2025）   013

1.8 未来展望：AI 的明天与人类的再定义（2025 及以后）   016

第二章 DeepSeek：基本介绍

2.1 DeepSeek 的账号注册与设置   021

2.2 界面与核心功能介绍   023

2.3 DeepSeek 模型介绍   024

2.4 DeepSeek 和其他模型的比较   027

第三章　提示词工程：从初级到高级的实践

  3.1　什么是提示词 / 引导词及引导力（prompt-ability）？　　030

  3.2　提示词的框架、人设、格式和语调　　044

  3.3　多步推理的提示词优化技巧　　060

  3.4　AI 辅助长文创作的分步引导　　068

第四章　DeepSeek：职场与商业

  4.1　职场应用　　073

  4.2　市场营销与数据分析　　081

  4.3　金融与法律领域的智能创新　　087

第五章　DeepSeek：个人教育与个人职业发展

  5.1　个性化学习助手　　094

  5.2　职业规划与技能提升　　099

  5.3　AI 驱动的知识管理与智能信息检索　　104

  5.4　AI 在科研与创造力提升中的应用　　106

第六章　DeepSeek：直播带货助手

  6.1　AI 主播助手与互动技巧　　110

  6.2　数据驱动的商品选择与策略优化　　113

  6.3　直播脚本与话术自动生成　　117

第七章 DeepSeek：广告与营销文案创作助手

- 7.1 热点追踪与情绪触发 … 122
- 7.2 AI 高效文案创作流程 … 128
- 7.3 爆款文案案例分析与实践 … 132

第八章 DeepSeek：原创与查重助手

- 8.1 AI 生成内容的识别与修改 … 137
- 8.2 内容原创度检测与规避重复技巧 … 143
- 8.3 如何有效避免被检测为 AI 生成 … 146

第九章 DeepSeek：创意与数字艺术助手

- 9.1 AI 与创意内容生产 … 151
- 9.2 媒体与娱乐行业的应用 … 156

第十章 DeepSeek：旅游出行与全球化交流

- 10.1 智慧旅游与智能出行 … 161
- 10.2 全球化与智能沟通 … 166

第十一章 DeepSeek：健康、心理与社交互动

- 11.1 健康管理与医疗咨询 … 172
- 11.2 心理健康与社交辅助 … 177

第十二章　DeepSeek：食品与健康助手

12.1 食品科技与营养管理　　182

12.2 健康科技创新　　187

第十三章　AI 伦理、安全与未来发展

13.1 AI 伦理与安全问题　　191

13.2 AI 的发展趋势与未来　　192

13.3 如何利用 AI 提升职业竞争力　　193

13.4 AI 创业机会与商业模式　　193

第一章

人工智能的历史与发展

1.1 人工智能的早期设想与理论萌芽（1940年代—1950年代）

人工智能（AI）并不是近年才诞生的概念。早在20世纪中叶，随着电子计算机的出现，人类便开始思考"机器是否能思考"的问题。这一时期虽没有真正意义上的AI系统出现，但奠定了未来人工智能发展的理论基础和哲学根基。

1.1.1 图灵与"思考机器"的提出

人工智能的奠基人之一是英国数学家阿兰·图灵（Alan Turing）。1947年，图灵提出了"机器能否思考"的问题，并在1950年发表了著名论文《计算机与智能》（Computing Machinery and Intelligence）。在这篇文章中，他提出了著名的"图灵测试"——如果一台机器在对话中让人类无法分辨其身份是人还是机器，则可视为"具有智能"。

图灵没有直接制造人工智能，但他通过提出"计算可判定性"和"人工智能的判断标准"，为后来的AI研究奠定了理论框架。他的思想在今天仍被广泛引用，并激励了一代又一代研究者。

1.1.2 数学与逻辑的推动

在 20 世纪 40 年代与 50 年代，逻辑学家、数学家和哲学家们对"人类智能是否可形式化"展开了深入讨论。例如，约翰·冯·诺依曼（John von Neumann）提出的存储程序计算机架构，不仅影响了计算机的硬件发展，也为实现"智能"算法提供了平台。

与此同时，克劳德·香农（Claude Shannon）在信息论领域的工作，也对后来的模式识别、自然语言处理等领域产生了深远影响。他的研究展示了如何用概率与数学形式化表达信息和推理，这对人工智能的早期算法具有启发意义。

1.1.3 术语"人工智能"的诞生

1956 年，美国数学家约翰·麦卡锡（John McCarthy）在达特茅斯学院组织了一场著名的学术会议——达特茅斯会议（Dartmouth Conference）。他在会议提案中首次正式提出"人工智能（Artificial Intelligence, AI）"这一术语，并声称："每一个方面的学习或其他智能特性原则上都能被精确地描述，这样就可以制造一台机器去模拟它。"

该会议被视为人工智能正式成为独立学科的起点。参与会议的还有马文·明斯基（Marvin Minsky）、克劳德·香农、艾伦·纽厄尔（Allen Newell）和赫伯特·西蒙（Herbert Simon）等人，这些人后来都成为 AI 领域的重要奠基者。

1.2 人工智能的早期探索与"黄金时代"（1956—1970 年代）

1956 年达特茅斯会议后，人工智能逐渐发展为一门独立的研究领域。这一时期，研究者们对"机器是否可以模拟人类思维"展开了多角度的探索，并初步构建了 AI 系统的雏形。由于早期成果频出，业界一度对 AI 的未来发展充满信心，这段时期也常被称为人工智能的第一次黄金时代。

1.2.1 专家系统与符号主义 AI 的兴起

20 世纪 50 年代末到 70 年代，人工智能研究主要集中在符号主义（Symbolic AI）方法上。这种方法的核心思想是：人类智能可以通过逻辑符号和规则进行形式化表示，计算机通过"推理机制"操作这些符号，从而模拟人类的推理与决策过程。

这一时期最著名的成果之一是由艾伦·纽厄尔与赫伯特·西蒙开发的通用问题求解器（General Problem Solver，GPS）。GPS 的设计目标是成为一种可以解决任何逻辑问题的通用智能系统。虽然它最终未能实现这个宏大目标，但其背后的思路为后来的 AI 规划系统和专家系统奠定了基础。

1.2.2 SHRDLU：语言理解的早期尝试

1970 年，特里·温诺格拉德（Terry Winograd）在麻省理工学院开发了一个名为 SHRDLU 的系统，它可以在一个虚拟的"积木世界"中通过自然语言与人类互动。用户可以用英语向系统发出指令，例如"请将红色方块放在绿色立方体上"，SHRDLU 能理解指令并在虚拟环境中执行操作。

SHRDLU 的成功展示了自然语言处理和推理系统结合的潜力，也标志着 AI 首次在语言理解方面取得实际成果。然而，SHRDLU 的运行环境高度受限（只适用于虚拟积木世界），也暴露了当时 AI 系统在处理现实世界复杂性上的不足。

1.2.3 专家系统的实用探索：DENDRAL 与 MYCIN

符号主义 AI 最实际的应用成果体现在"专家系统"上。专家系统试图模拟人类专家在特定领域中的判断过程，为用户提供专业建议。

- DENDRAL（1965 年）是由斯坦福大学开发的用于化学结构分析的系统，能根据质谱数据推测有机化合物的分子结构。
- MYCIN（1972 年）是用于医学诊断的专家系统，能够根据患者症状和实验结果提供抗生素治疗建议。MYCIN 的推理准确率接近专业医生，成为该领域的里程碑式项目。

这些系统虽仅限于狭窄领域，但却证明了 AI 在"狭义任务"上具有实用价值，为后来的行业 AI 发展提供了范式。

1.2.4 AI 的早期乐观与过度预期

随着早期成果的积累，AI 研究者和媒体一度对人工智能抱有高度乐观情绪，认为"通用智能"即将到来。例如，赫伯特·西蒙在 1965 年曾大胆预测："在 20 年内，机器将能做任何人类能做的工作。"

然而，这些预期很快遭遇现实挑战。AI 系统无法很好地处理模糊、不确定、动态的现实场景，也难以从经验中"学习"新知识。系统对环境变化极其敏感，一旦超出设计范围便无法工作。

到 1970 年代后期，AI 研究出现明显瓶颈，项目进展缓慢，研究经费锐减。这也为之后的"第一次 AI 寒冬"埋下伏笔。

1.3 第一次"AI 寒冬"与学术转型（1970 年代末—1980 年代初）

尽管 20 世纪 50 至 70 年代的人工智能研究带来了诸多令人振奋的成果，但进入 70 年代后期，AI 研究陷入了第一个重大低潮，这一阶段被称为第一次人工智能寒冬。这场"寒冬"的到来，一方面是由于外部资源（尤其是资金）大幅减少，另一方面则是技术本身发展遇到了瓶颈。

1.3.1 过度承诺与现实落差

AI 寒冬的主要成因之一是早期研究者与媒体对 AI 前景做出过乐观甚至夸张的预测，然而现实技术的进展远未达到预期：

首先是专家系统难以扩展。虽然像 MYCIN 和 DENDRAL 等专家系统在小范围内取得了成功，但它们在面对更加复杂、多变的实际环境时几乎无能为力。系统难以适应新的情景和知识变化，缺乏自我学习能力。

其次，符号主义推理不灵活：现实世界中充满了模糊、不确定的信息，使用逻辑规则来模拟人类思维显得僵硬和低效，尤其是在图像识别、自然语言处理等领域。

因此，AI 系统虽然在封闭环境下表现出"智能"，却无法应用于开放世界。这种落差引发了对 AI 实际应用价值的质疑，政府和企业对 AI 研究的投资迅速减少，典型的案例包括：

· 英国政府的莱特希尔报告（1973 年）：由英国皇家学会委托詹姆斯·莱特希尔（James Lighthill）撰写的《人工智能：一般性的考察》报告，对英国

AI 研究进行了系统评估。报告认为大多数 AI 研究"过于理论化，缺乏实用性"，建议政府大幅削减 AI 资金投入。该报告直接导致英国 AI 研究人员被迫离职或转行。

- 美国国防高级研究计划局（DARPA）也在此期间开始重新评估其资助的 AI 项目，转而支持更具军事价值和短期成效的研究。

AI 从"科技明星"转变为"烧钱黑洞"，一时间学界士气低迷，人才流失严重。

1.3.2 向其他学科靠拢：学术策略的调整

尽管 AI 整体发展放缓，但这一时期催生了某些关键转型：部分研究者转向认知科学、语言学等跨学科领域，从更广泛的视角重新理解"智能"。学界逐渐将注意力从"通用人工智能"转向"实用智能工具"。这种"弱 AI"思想强调 AI 作为工具辅助人类，而非取代人类。也有学者开始探讨机器学习的思想萌芽，即让系统"从数据中学习"而非"死记硬背规则"。

虽然这个阶段成果相对稀少，但为下一次 AI 复兴埋下了技术与思想的种子。

1.3.3 值得铭记的坚持者

在这段被称为"寒冬"的时期，仍有一批研究者坚持在 AI 领域默默耕耘，比如，约翰·麦卡锡、马文·明斯基、赫克托·勒维斯克、裘德亚·珀尔、彼得·诺维格等。他们不仅在学术研究中保留了"智能系统"理念，也尝试向更多实际应用场景靠拢：

- 数据处理与信息检索系统；
- 智能搜索与规划算法；
- 逻辑编程语言（如 Prolog）的开发。

这些研究虽然看似"边缘"，但日后却成为新一代 AI 浪潮的技术基础。

1.4 专家系统的兴起与第二次 AI 复兴（1980 年代）

在经历了 1970 年代末的首次"AI 寒冬"之后，人工智能在 1980 年代迎来了一波新的发展浪潮。这一轮复兴主要源于"专家系统（Expert Systems）"的广泛应用，它们使得 AI 技术首次在工业界和企业中得以规模化落地。

1.4.1 什么是专家系统？

专家系统是一种模仿人类专家解决问题过程的计算机程序。其核心思想是：通过构建"知识库"（储存专家的知识）和"推理引擎"（使用规则进行逻辑判断），使计算机具备在特定领域提供建议、分析和判断的能力。

专家系统通常包含三个主要组成部分：

- 知识库：由人类专家录入的规则、事实、经验等组成；
- 推理机制：模拟人类推理过程的算法，常见方法包括前向链和反向链；
- 用户界面：用于人机交互，使非专业人士也能使用该系统。

这些系统在某些封闭问题领域表现出高度的专业性和稳定性。

1.4.2 标志性系统与典型案例

除了前面提到的斯坦福大学开发的 MYCIN 系统之外，还有由卡内基梅隆大学为数字设备（DEC）公司开发的 XCON 专家系统（又名 R1），该系统用于配置计算机系统组件，成功将人工智能应用于实际商业流程。据估算，XCON 每年为 DEC 节省超过 2000 万美元的成本。

这两个系统的成功让企业和政府重新对 AI 燃起希望，并开始投入更多资源。

1.4.3 专家系统的爆炸性增长

在 1980 年代中期，专家系统成为 AI 的代名词：

- IBM、HP、SIEMENS 等大型公司纷纷建立自己的专家系统研究部门；
- 日本政府在 1982 年启动"第五代计算机计划"，目标是建立基于知识处理和逻辑推理的超级计算机；
- 美国国防部（尤其是高级研究局）重新加强了对 AI 项目的资助；
- 专家系统开发工具（如 CLIPS、KEE、OPS5）开始流行，为非程序员也能参与构建系统提供了便利。

在这一时期，知识工程师（KE），也就是负责将专家知识转化为可编程规则的人成为炙手可热的新职业。

1.4.4 专家系统的局限与再次衰退的前兆

然而，正当专家系统火热发展时，其局限性也日益暴露：

- 知识获取瓶颈：将专家的隐性知识系统化十分困难，且录入过程极为耗时；
- 规则僵化、难以适应变化：系统面对复杂、多变或模糊的问题时，常显得无力；
- 缺乏自我学习能力：一旦系统搭建完成，更新困难，无法自我适应环境或修正判断；
- 维护成本高：规则一多，系统之间的逻辑冲突或错误难以定位与修复。

到 1980 年代末，越来越多企业开始质疑专家系统的长期价值，部分项目被迫中止或转型。

尽管专家系统的"繁荣"最终昙花一现，但它的重要意义不可低估：首先，它为人工智能技术打开了市场化应用的大门；其次，它培养了一大批 AI 工程实践人才；紧接着，它建立了"知识工程""推理机制""规则系统"等重要概念体系；并且它的失败经验也推动了学界思考更灵活、可扩展的智能模型，更重要的是，它促使研究者将目光从"规则"转向"数据"，为日后机器学习的崛起埋下了伏笔。

1.5 机器学习的兴起与深度学习的曙光（1990—2009）

进入 1990 年代，人工智能领域出现了深刻的转向：从依赖规则的专家系统，逐渐过渡到依赖数据和统计的方法。这一趋势，催生了"机器学习"这一现代 AI 核心技术的蓬勃发展。

1.5.1 从"编规则"到"学模型"

传统专家系统的知识获取瓶颈、维护成本高、无法自适应等问题，暴露出基于规则的 AI 方法的天然局限。相反，如果能让计算机像人一样"从数据中学习经验",或许是更具可扩展性的方法。

这便是机器学习的核心思想:用统计和算法,让计算机自动从样本数据中提取规律,构建预测模型。

这一时期,研究者不再试图"模拟人脑结构",而更关注如何"拟合数据中的模式"。

1.5.2 关键技术与算法的发展

在 1990—2009 年间,一批基础而重要的机器学习算法相继被提出或广泛应用,成为 AI 后续发展的根基:

• 决策树(Decision Tree):通过树状结构决策判断,便于可视化解释;

• 支持向量机(SVM):在复杂数据空间中寻找最佳分类边界;

• K-近邻(KNN)、K-Means 聚类:用于分类与无监督聚类任务;

• 贝叶斯方法:融合概率与统计,建立稳健预测模型;

• 神经网络的"复兴":虽然受到专家系统的冲击,神经网络仍在部分研究者中延续发展;

• 集成学习方法(如提升算法[Boosting]、袋装法[Bagging]):通过多个弱模型组合,提升整体性能;

• 随机森林(Random Forest):被广泛用于特征选择与分类。

此外,数据预处理、特征工程、交叉验证等实践技巧也在此阶段逐步成熟,构成了现代 AI 工程体系的雏形。

1.5.3 支撑因素:数据、硬件与开源生态

机器学习的发展得益于三大支撑力量的崛起:

• 数据的积累:随着互联网的发展,大量数字化数据开始生成,与此同时,企业与机构开始注重数据收集与管理,数据仓库和数据挖掘兴起,而图像、文本、语音等多模态数据逐渐被收集用于 AI 研究。

• 硬件能力的增长:摩尔定律推动计算能力持续增长;GPU,也就是图形处理器逐渐被应用于科学计算领域,为后来的深度学习奠定硬件基础。

• 开源生态初现:Python 逐步成为 AI 编程语言的主流;而 Scikit-learn、

Weka、Matlab 等工具在学术界与企业中推广。

这三大因素大大降低了机器学习研究与开发的门槛。

1.5.4 深度学习的"潜流"初现

虽然"深度学习（Deep Learning）"一词尚未大规模流行，但神经网络在这一时期仍有重要进展。

1989 年，杨立昆（Yann LeCun）提出卷积神经网络（CNN），并成功用于手写数字识别（如美国邮政服务的邮件分拣系统），成为深度视觉系统的雏形。与此同时，辛顿等人提出受限玻尔兹曼机（RBM）、深度信念网络（DBN），尝试解决传统神经网络的"梯度消失"问题。此时，学界开始尝试将神经网络用于语音识别、自然语言建模等任务，并取得初步成效。

虽然在当时，神经网络仍受限于数据规模与计算资源，训练缓慢、性能有限，但它的种子已悄然埋下。

1.5.5 AI 在应用层面的逐步渗透

这一时期，AI 已悄然开始影响现实生活，比如银行使用机器学习算法进行信贷评估与欺诈检测；医疗机构探索计算机辅助诊断（CAD）；搜索引擎、推荐系统中初步引入智能排序与个性化算法；工业制造与物流系统中部署预测性维护模型；智能客服与问答系统逐步替代传统人工服务。

虽然这些系统多为"弱 AI"（即仅在特定任务中表现智能），但它们标志着 AI 技术已开始从实验室走向真实世界。

1.6 深度学习革命与人工智能的爆炸性进展（2010—2020）

如果说 1990—2009 年是 AI 的"数据启蒙期"，那么 2010 年之后，则进入了真正的"智能觉醒时代"。这个阶段的人工智能，以深度学习为核心技术，推动了 AI 在语音、图像、自然语言等多个领域取得"类人甚至超人"的突破式成果。

这一时期，AI 不再只是研究者眼中的未来愿景，而是真正进入了产业、进入了日常生活，并成为推动人类社会进入智能时代的引擎。

1.6.1 深度学习的引爆点：ImageNet 大赛的惊艳突破

2012 年，人工智能领域迎来一个里程碑事件：

在全球权威图像识别比赛 ImageNet 上，多伦多大学的辛顿团队使用基于深度卷积神经网络的模型 AlexNet，将图像识别错误率从 26% 降至 15%，大幅超越所有传统机器学习方法。

AlexNet 的成功引发全球震动，被誉为"深度学习革命"的起点，其背后的关键因素包括：

- 使用 GPU 并行计算大幅加快训练；
- 网络结构采用 ReLU（修正线性单元）激活、Dropout（随机失活）等新技术；
- 大量标注图像数据（ImageNet 数据集，超过 100 万张图片）提供训练基础。

从此，深度神经网络在图像识别、目标检测、人脸识别等计算机视觉任务中全面超越传统方法。

1.6.2 神经网络的广泛应用：多领域突破

深度学习的强大表现，不仅限于图像领域，还迅速在多个方向取得重大进展：

语音识别

- 谷歌、微软、百度等公司先后用 DNN/CNN 替代传统的 GMM-HMM 架构，显著降低语音识别错误率；
- 智能语音助手（如 Siri、谷歌助手、Alexa、小爱同学）进入主流市场；
- "语音转文字"与"语音合成"系统逐步成熟。

自然语言处理（NLP）

- 2013 年，谷歌提出 Word2Vec 模型，首次实现词语的"向量化"，改变了语言建模方式；
- 2014 年，Seq2Seq 模型实现端到端机器翻译；
- 2015 年后，递归神经网络如 LSTM、注意力机制广泛应用于问答系统、情感分析、对话生成。

游戏智能

· 2016 年，DeepMind 的 AI 程序 AlphaGo 战胜围棋世界冠军李世石，震惊全球；

· 随后推出的 AlphaZero、MuZero 等更高级版本，通过"自我对弈"训练达到通用博弈智能；

· 强化学习（Reinforcement Learning）迅速成为 AI 热门方向。

自动驾驶

· 特斯拉、百度、谷歌、Waymo 等企业投入大量资源，使用深度神经网络进行图像识别、路径规划、行为预测等；

· 车辆感知系统与人类驾驶的差距逐步缩小。

医疗健康

· 深度学习用于医学图像识别（如肺结节、糖尿病视网膜病变）；

· 用于辅助诊断、药物筛选、基因组预测等生物信息领域。

1.6.3 Transformer 时代：语言模型的飞跃

2017 年，谷歌提出了划时代的模型架构 Transformer。其核心特点是使用"注意力机制"（Self-Attention）完全取代循环结构，显著提升训练效率和效果。

此后，一系列基于 Transformer 的自然语言处理模型快速崛起：

· BERT（2018，谷歌）：通过"掩码语言模型"方式进行双向预训练，迅速刷新 NLP 多项任务记录；

· GPT 系列（OpenAI）：从 GPT-1 到 GPT-2，开启"生成式语言模型"路线；

· XLNet、T5、RoBERTa 等多种变体不断刷新 SOTA（State of the Art，也就是最佳效果）；

· 自然语言任务（问答、摘要、翻译、对话、写作）取得质变式突破。

这标志着 AI 已不仅能"理解语言"，更具备了"生成语言"与"推理"的能力。

1.6.4 AI 进入产业主战场

AI 在 2010—2020 年间，从学术研究转向产业全面落地，成为各大科技公司竞争焦点：

- BAT（百度、阿里、腾讯）、谷歌、微软、亚马逊、Meta、英伟达等巨头纷纷成立AI实验室；
- AI被广泛部署在搜索推荐、广告投放、智能客服、仓储物流、金融风控等场景；
- AI初创公司大量涌现，掀起一轮轮融资热潮；
- AI算法工程师、数据科学家成为"最吃香的职业"之一。

AI与云计算、大数据、边缘计算、物联网（IoT）等新技术高度融合，形成现代智能系统的"底座"。

1.6.5 算力与数据：深度学习的燃料

这场深度学习革命之所以能引爆，还得益于以下基础设施条件的成熟：

- GPU的普及（尤其是NVIDIA CUDA平台），极大提升神经网络训练速度；
- 大规模标注数据集（如ImageNet、COCO、Common Crawl）；
- 分布式训练框架的涌现（TensorFlow、PyTorch、MXNet）；
- 开源社区活跃，论文代码迅速开源，促进全球协同创新。

这些条件，为AI模型的迭代训练提供了"肥沃土壤"。

1.6.6 遇到的问题与反思

AI技术狂飙突进的同时，也引发了诸多值得警惕的问题：

- "黑箱模型"缺乏可解释性，导致应用风险难控；
- 数据偏见被模型放大，存在种族、性别等歧视问题；
- 大模型的能耗惊人，训练一次GPT-3消耗上百万度电；
- AI伦理、安全与监管问题浮现，如深度伪造（Deepfake）、隐私泄露等。

因此，技术突破之外，"负责任的AI"成为行业呼声。

2010—2020是人工智能发展史上最为剧烈变革的十年。AI不仅突破了多个关键技术瓶颈，还真正走进大众视野、进入企业场景、引领社会变革。深度学习与Transformer彻底重塑了AI的能力边界，也为接下来更具革命性的进化奠定了基础。

1.7 大模型时代：通用人工智能的曙光（2020—2025）

进入 2020 年以后，人工智能迎来了一个前所未有的跃迁阶段。以 GPT 系列、PaLM、Claude、Gemini、文心一言、通义千问、智谱清言、DeepSeek 等为代表的大语言模型（LLM），迅速成为 AI 领域的核心焦点。

这一阶段不仅技术层面实现了重大突破，更在商业模式、社会舆论、应用生态和伦理政策等方面引发深远影响。

人类首次触摸到了"通用人工智能"（AGI）的边缘。

1.7.1 GPT-3：参数爆炸开启新纪元

2020 年 6 月，OpenAI 发布 GPT-3，引起全球震撼：

- 模型规模达到 1750 亿参数，是 GPT-2 的 100 多倍；
- 使用数千亿词级别的互联网页面、书籍、维基百科进行训练；
- 具备惊人的语言生成、摘要撰写、对话、翻译、逻辑推理、代码编写等多样能力；
- 可通过"少量示例"实现"零样本/小样本学习"。

GPT-3 的出现，改变了人们对人工智能的理解——不再是"任务专用工具"，而是一个具备"通用能力"的语言思维体。

它的生成能力之自然、语言风格之多样、对话连贯性之强，使得无数人惊呼："这就是 AGI（通用人工智能）的开端。"

1.7.2 ChatGPT 的爆红：AI 进入主流社会

2022 年 11 月，OpenAI 发布基于 GPT-3.5 的 ChatGPT，并首次面向公众免费开放。

短短 5 天，注册用户超过 100 万，几个月内突破 1 亿，成为史上用户增长最快的科技产品。

ChatGPT 引发了席卷全球的 AI 应用热潮，其成功基于：

- 强大的对话生成能力；
- 多轮对话的上下文记忆；

- 对自然语言指令的理解与响应；
- 可用于写作、编程、摘要、写诗、翻译、知识问答、教育、心理支持等场景。

2023 年 3 月，OpenAI 发布 GPT-4，进一步强化多模态能力（图文输入）、逻辑推理与精度，引发了"AI 工具全民普及"现象。

与此同时，微软、谷歌、百度、阿里、讯飞、Meta 等全球科技巨头纷纷入局大模型：

公司	模型名称	代表特点
OpenAI	GPT-4/GPT-4Turbo	对话体验极佳，插件生态繁荣
谷歌	PaLM → Gemini 系列	多模态能力强，和搜索集成紧密
Anthropic	Claude2/3	倾向安全、可控、可解释性设计
Meta	LLaMA 系列	开源大语言模型代表
百度	文心一言	中文语言理解与生成能力强
阿里	通义千问	强调代码生成与中文创作能力
华为	盘古	侧重工业场景的多模态智能
商汤	商量	专注视觉与文本的融合
深度求索	DeepSeek	以模型训练成本低震撼全球

1.7.3 多模态 AI：不仅能"说"，还会"看"和"做"

大模型不再局限于文本生成，而是向多模态智能体进化：

- 视觉－语言融合模型（如 GPT-4、Gemini 2.5）：能看图说话、图像问答、图文混合理解；
- 语音模型（如 Whisper、Bark）：支持语音识别、合成、对话；
- 视频生成（如 Sora、Runway）：输入一句话，输出 30 秒高质量视频；
- 代码生成（如 Cursor、CodeWhisperer）：辅助程序员写代码、调试、解释；
- 智能体系统：具备自主规划与任务执行能力（AutoGPT、AgentGPT、LangChain、Manus）。

这些能力，预示着 AI 将从"语言模型"走向"通用智能体"（Agent）时代。

1.7.4 商业生态：AI 变成真正的通用平台

2023—2025 年，AI 不再只是工具，而成为通用计算平台，和 PC、互联网、移动、云计算一样，改变整个技术栈与商业模式：

- SaaS 应用全面 AI 化（如 Notion AI、Canva AI、Office Copilot）；
- AI 驱动的教育、医疗、广告、客服、创作、金融服务等领域迅速扩展；
- AI 原生创业浪潮涌现（如 Jasper、Runway、Descript、Perplexity）；
- 微软、苹果、谷歌等公司，将 AI 深度嵌入操作系统与办公生态中；
- AI 模型平台化（API 接口）成为新基础设施。

AI 不再是"一个行业"，而成为"所有行业的增强器"。

1.7.5 大模型的技术挑战与争议

尽管大模型功能强大，但其带来的问题也逐渐浮出水面：

- 幻觉问题（Hallucination）：模型有时会编造事实，或输出看似合理但完全错误的信息。
- 版权争议：训练数据来源广泛，涉及公开网页、书籍、代码等，存在侵犯知识产权争议。
- 能耗问题：训练一个 GPT-4 级别的大模型需消耗数千万度电，是 GPT-3 的 40 倍，造成巨大碳足迹。
- 模型偏见：模型可能带有种族、性别、文化偏见，影响公正性。
- 算力壁垒：顶尖大模型训练所需资源极高，普通研究团队难以参与。

因此，全球呼吁加强 AI 伦理治理、透明性、可控性与可解释性。

1.7.6 向通用人工智能迈进

2023 年后，全球科技界围绕 AGI 展开公开竞争与合作：

- OpenAI 明确目标是"构建通用人工智能，造福全人类"；
- DeepMind 强调以"科学方法"推动 AGI 安全诞生；
- 多国政府开始出台 AI 战略规划、成立安全研究机构；

- 微软、谷歌、Meta 等推动 AGI 与搜索、办公、浏览器融合。

AGI 并非某个具体产品，而是指"能自主学习、理解世界并解决广泛问题"的通用型人工智能。如今，大语言模型已成为实现 AGI 最有力的路径。

1.7.7 人类社会的再定义：未来的 AI 关系图景

当 AI 能写作、编程、设计、创作、对话、规划时，社会各行各业将面临重新洗牌：

- 教育：学习不再只是记忆和练习，而是人机协作与思维提升；
- 劳动市场：重复性脑力劳动将被大幅替代，创意与人文素养更受重视；
- 产业结构：出现大量"AI 增强职业"，如提示工程师、AI 驱动设计师；
- 社会治理：对算法透明性、数据主权、AI 法律制度提出新挑战；
- 哲学伦理：AI 是否具备意识、自我与权利，成为跨学科探讨焦点。

从 2020 开始到 2025 这 5 年时间是人工智能从"语言生成工具"跃迁为"智能生态系统"的关键阶段。大语言模型、大视觉模型、多模态智能体纷纷登场，让通用人工智能从远景变成触手可及的现实。

1.8 未来展望：AI 的明天与人类的再定义（2025 及以后）

自 2025 年之后，人工智能的发展将进入更深层次的变革期。这不再是单一技术的演进，而是一个横跨科技、社会、经济、哲学甚至人类身份认知的全面重构时代。

我们站在一个新纪元的门槛上。

1.8.1 AGI 是否即将到来？

通用人工智能曾被视为遥不可及的科学幻想。如今，随着大模型的飞速迭代、推理能力的增强、多模态交互的成熟和自主行动能力的突破，AGI 的雏形已隐约浮现。

关键特征包括：

- 能适应多任务：无需为每个任务单独训练；
- 拥有世界知识：理解因果逻辑、社会常识、人类文化；

- 具备规划能力：能设定目标、分解任务、调整策略；
- 可持续学习：在使用过程中自我更新、扩展能力；
- 行为趋于稳定与可控：与人类社会长期共存并发挥作用。

目前的 GPT-4.5、Claude 3.7、Gemini 2.5 等仍是"窄域强大"的智能体，距离完全的 AGI 尚有距离。但多数 AI 研究者认为：2030 年前，强 AGI 具备实现可能性。

1.8.2 智能体：下一代平台级革命

2025 年后，AI 的核心方向将从"聊天助手"转向"智能体（AI Agent）"。

什么是智能体？

智能体是一种具备自主感知环境、设定目标、分解任务、调用工具并持续反馈的 AI 系统。它们不像 ChatGPT 只在用户提问后回应，而是具备行动能力：

- 能自动搜索信息、填写表单、发邮件；
- 能通过 API 调用其他服务完成任务；
- 能协同工作、长期记忆、个性化服务；
- 甚至能调度"多个小智能体"协作完成复杂任务。

应用前景

- AI 商务助理：安排会议、处理客户、优化流程；
- AI 程序员：自动完成 bug 修复、生成架构文档；
- AI 教练/导师：针对不同人群持续激励和指导；
- AI 创作者：独立制作视频、音乐、广告内容；
- AI 企业员工：构建"虚拟组织"完成业务模块。

技术支撑

- 大语言模型（LLM）+ 记忆（Memory）+ 工具使用 + 环境 + 复合智能体沟通（Multi-Agent Communication）；
- LangChain、AutoGPT、AgentVerse、Manus 等项目已在探索；
- 提示词工程向智能体工程转型。

1.8.3 人类工作与技能的再定义

AI 的进一步进化，将不可避免地改变"人类该做什么"。

未来 10 年，AI 将在以下方面广泛取代人类工作：

领域	被替代部分	剩余人类优势
写作	标准化文案、初稿、摘要	结构逻辑、深度洞察、情感感染力
编程	模板代码、调试、单元测试	系统设计、安全逻辑、产品思维
营销	营销文案、用户分析、数据投放	品牌定位、创意构思、危机公关
教育	基础知识讲解、批改作业	情绪激励、因材施教、价值引导
法律	初步合同审阅、案件检索	伦理判断、辩护策略、说服力

因此，"AI 增强型人类"将成为主流职业形态。新的技能需求将包括：

- AI 工具使用能力；
- 提示词 / 智能体设计与调优；
- 多模态内容创作；
- 数据素养与算法伦理；
- 人际沟通、批判思维、创新能力。

1.8.4 AI 与社会结构：新的不平等与新机会

人工智能将加剧，也有望缓解社会不平等：

加剧的风险：

- 算力壁垒：只有巨头企业才能负担训练超大模型；
- 数据垄断：网络数据越来越集中在少数平台；
- 知识门槛：AI 技术飞速发展导致技能差距拉大；
- "精英 AI"集中化：决策权掌握在科技寡头手中。

通过下列方法，有缓解的可能：

- AI 可为发展中国家提供教育、医疗、语言翻译支持；
- 自动化可释放部分基础劳动力，重构职业尊严；
- "开源 AI 社区"正在努力推动技术民主化；
- Web 3 与去中心化计算有望带来更公平的资源分配。

因此，AI 的未来不仅是技术路线之争，更是价值观与制度设计之争。

1.8.5 AI 与人类身份的思辨挑战

随着 AI 在创造力、情感模拟、语言沟通，甚至道德推理方面的增强，人类将面临深刻的"身份焦虑"：

- 什么才是人类独有的智慧？
- 若 AI 能写诗、画画、写小说，我们还需要艺术家吗？
- AI 有自我意识吗？它能拥有"权利"吗？
- 人类是否应与 AI 合并？（脑机接口、数字人）

在科幻作品中描绘的"人机融合"并非完全遥远。

2024—2025 年，马斯克的 Neuralink 已开始人类脑机实验，数字生命克隆（Digital Clone）、永生人格备份（Mind Upload）等话题频频出现在现实语境中。

哲学、法律、宗教、伦理……都必须重新面对一个问题：人类与智能的边界，到底在哪里？

1.8.6 全球治理与 AI 合规之战

AI 技术的无边界发展，呼唤有边界的治理，目前已有以下全球趋势：

国家/地区	法规框架	重点方向
欧盟	人工智能法案（AI Act, 2024 年）	风险分级、数据安全、供应链管理
中国	生成式 AI 管理暂行办法	算法备案、内容审查、合规生成
美国	NIST AI 风险管理框架	安全、透明、公平、可信赖
联合国	全球 AI 伦理宣言	促进包容性、保护隐私、非歧视

然而，真正的问题是：技术演进速度远快于治理响应能力。

因此，建立 AI 公共标准体系、全球开源合作机制与跨国伦理研究平台将成为未来 10 年的重点议题。

1.8.7 未来五年的可能路径图

2025—2030 年，我们可能见证以下趋势同步发生：

- AI 成为每个智能设备的基础组件（手机、车载、眼镜）；

- 超级智能体进入大众生活（如 AI 老师、AI 伴侣、AI 管家）；
- 多模态内容生成极度逼真，真假难辨（视频、语音、数字人）；
- 每个企业都将拥有"AI 部门"或"AI 平台"；
- 出现"AI 原生社会"一代（Z 世代 +Alpha）；
- 教育、医疗、法律将被深度重塑；
- 数据治理、数字人格、算法监管成为公共议题；
- 出现"是否限制 AGI 发展"的伦理分歧与政策分歧。

这是一条充满不确定性的道路，但无论如何，人类已经无法回头。

AI 是工具，也是镜子。

人工智能的发展，是人类智慧的延伸。

它既是通往未来的钥匙，也是一面照见人类自身的镜子。

面对越来越聪明的机器，我们不应只问：

"AI 能做到什么？"

更应追问：

"人类想成为什么？"

唯有在持续反思与创造之间，我们才能真正与智能同行，走向一个既强大又有温度的未来。

第二章
DeepSeek：基本介绍

DeepSeek 是一款智能化对话式人工智能工具，致力于为用户提供高效、便捷的问题解答与创意服务。它通过自然语言处理技术，能理解复杂需求并生成精准回应，覆盖学习辅导、工作辅助、生活规划等多元场景。例如，学生可上传数学题获取分步解析，职场人可快速生成工作报告框架，旅行爱好者能定制个性化行程。

区别于传统搜索引擎，DeepSeek 支持多轮对话交互，可结合上下文持续优化答案，并提供图片解析、文件分析等进阶功能。其联网搜索功能持续接入最新数据，确保信息时效性。作为安全可靠的数字助手，DeepSeek 严格遵循隐私保护准则，是适配全年龄段的智能伙伴。

2.1 DeepSeek 的账号注册与设置

2.1.1 如何注册 DeepSeek 账户

DeepSeek 网页端注册

1. 访问官网：https://chat.deepseek.com/sign_up
2. 按照要求完成注册。

DeepSeek 手机端注册

1. 前往各手机应用商店搜索并下载"DeepSeek"App。注意 DeepSeek 的 logo：

2. 打开"Deep Seek"App 完成注册。

2.1.2 账户基础设置与个性化调整

完成注册后登录网页版或手机版就可以尝试你与 DeepSeek 的对话。

网页版的界面：

无论网页版还是手机端都能看到两个选项："深度思考（R1）"与"联网搜索"。使用时可以两者结合。如果不选"深度思考（R1）"，则意味着你是使用"V3"模型。我们将在后面详细介绍它们。

2.1.3 设备同步与跨平台使用

DeepSeek 采用云端同步技术，主要特点包括：

- 对话记录实时同步至所有登录设备；
- 支持 Windows/macOS/iOS/Android 多平台；
- 浏览器插件与 Office 办公套件深度集成。

这可以保障你无论使用何种设备，网页、手机或平板，DeepSeek 都将同步你的信息。

2.2 界面与核心功能介绍

DeepSeek 网页界面采用双栏式设计：

1. 左侧导航栏：对话历史、个人信息
2. 中央主界面：对话展示区

界面响应时间经测试，在主流设备上均保持在 200ms 以内。

DeepSeek 的主要功能模块

功能类别	具体能力	典型应用场景
知识问答	实时信息检索	学术研究、事实核查
创意生成	文案/代码创作	市场营销、软件开发
数据分析	表格/图表处理	商业决策、科研分析
语言服务	翻译/润色	跨国交流、文书优化

除了上述功能之外，DeepSeek 还提供了基础设置、本地部署、API 集成和高阶应用等多种选择功能，其中高阶应用包括个人知识库搭建、编程辅助等，可以帮助你应对更复杂的任务。

2.3 DeepSeek 模型介绍

2.3.1 什么是 V3 模型

DeepSeek-V3 是深度求索推出的最新大语言模型，具备强大的自然语言理解和生成能力。它是 DeepSeek-V2 的升级版本，在多个方面进行了优化，包括知识更新、推理能力、长文本处理等。

DeepSeek-V3 的主要特点

1. 强大的语言理解与生成能力
   - 在代码、数学、逻辑推理、文本创作等方面表现优秀；
   - 支持更复杂的任务，如论文写作、商业分析、编程辅助等。

2. 128K 超长上下文支持
   - 可以处理超长文本（如书籍、论文、长对话），保持连贯性；
   - 适合需要长期记忆的对话或文档分析。

3. 多文档处理能力
   - 支持上传 PDF、Word、Excel、PPT、TXT 等文件，并从中提取信息进行分析。

4. 免费可用
- 目前 DeepSeek-V3 仍然是免费的，没有收费计划。

5. 联网搜索（需手动开启）
- 可以实时获取最新信息，适用于需要最新数据的查询（如新闻、科技动态等）。

适用场景

📖 学习与研究：论文阅读、知识问答、解题思路分析；

💼 工作助手：报告撰写、数据分析、PPT 大纲生成；

💻 编程开发：代码生成、调试、算法优化；

🎨 创意写作：小说、剧本、营销文案创作。

2.3.2 什么是 R1 模型

R1 是一款开源大语言模型，属于 DeepSeek 系列模型之一，主要面向研究社区和开发者，提供高性能、可定制的自然语言处理能力。

DeepSeek-R1 的主要特点

1. 开源可商用
- 采用 MIT 许可证，允许自由使用、修改和商业部署；
- 适合企业、研究者和开发者进行二次开发。

2. 强大的基础能力
- 在代码、数学、推理、文本生成等任务上表现优秀；
- 支持多轮对话、长文本理解（上下文窗口较大）。

3. MoE（混合专家）架构
- 可能采用稀疏化专家模型（类似 DeepSeek-MoE），在推理时仅激活部分参数，提升计算效率。

4. 多语言支持
- 不仅擅长中文和英文，也能处理其他主流语言（如法语、西班牙语等）。

5. 可微调 & 适应不同任务
- 支持 LoRA、全参数微调，方便适配特定业务场景（如客服、金融分析等）。

应用场景

- 企业私有化部署（如内部知识库问答）
- 学术研究（NLP模型优化、AI训练方法探索）
- 开发者工具（代码生成、数据分析助手）

如果你想尝试 DeepSeek-R1，可以在官方 GitHub（https://github.com/deepseek-ai）获取模型权重和相关代码。

2.3.3 V3 和 R1 的区别

R1 与 V3 的区别

名称	DeepSeek-V3	DeepSeek-R1
类型	通用语言模型	推理模型
回答风格	直接答案（例如，"答案是42"）	逐步推理（例如，"首先，计算X……然后Y……所以答案是42"）
参数	6710亿（激活370亿）	6710亿（激活370亿）
架构	MoE（混合专家模型）	MoE（混合专家模型）
上下文长度	128K	128K
许可证	早期为自定义许可证，现为MIT许可证	MIT许可证
最适用场景	内容创作、写作、翻译、一般问答	复杂数学、编程、研究、逻辑推理、代理工作流程

性能对比表

指标	DeepSeek-V3	DeepSeek-R1
通用能力	★★★★★	★★★☆
推理能力	★★★★	★★★★★
创意生成	★★★★★	★★★
响应速度	1.2s	0.8s
内存占用	标准	减少40%

2.4 DeepSeek 和其他模型的比较

综合能力对比表

特性	DeepSeek	文心一言	GPT-4	Claude	Gemini
中文理解能力	★★★★★	★★★★★	★★★★	★★★	★★★☆
中文创作能力	★★★★☆	★★★★★	★★★★	★★★	★★★☆
多模态支持	图片/文件	全模态	全模态	全模态	全模态
上下文长度	128K	128K	128k	200K	200K
本地化服务	专属服务器	百度云	国际节点	国际节点	国际节点
中文数据时效性	2024Q1	2024Q1	2023Q4	2023Q3	2023Q4
免费政策	1000token/日	部分功能免费	无	无	无

深度对比分析

1. 中文场景专项对比（DeepSeek vs 文心一言）

古诗词处理：

- DeepSeek 在格律分析准确上略胜一筹；
- 文心一言在意境还原方面更有优势。

商业文书写作：

- DeepSeek 生成速度更快（平均响应1.4秒 vs 2.1秒）；
- 文心一言更符合国内公文规范。

代码能力：

- DeepSeek 在 Python 算法题解决率 89%；
- 文心一言在中文注释生成方面更贴近国内开发者习惯。

2. 技术架构差异

DeepSeek：

- 采用混合专家(MoE)架构；
- 中文 token 压缩率比传统模型高 30%；
- 支持实时联网检索验证。

文心一言：

- 基于 ERNIE 4.5 架构；
- 深度整合百度搜索生态；
- 特有"知识增强"预训练机制。

3. 实际应用场景表现

政府公文撰写：

- 文心一言对"红头文件"格式掌握更精准；
- DeepSeek 在数据引用规范性上更优。

学术研究：

- DeepSeek 支持更多国际学术资源引用；
- 文心一言对中文核心期刊覆盖更全面。

创意营销：

- 两者在广告文案生成上各有特色；
- DeepSeek 更擅长国际化视角；
- 文心一言更了解本土消费心理。

选择建议（根据 2024 年第三方测评数据显示）：

- 需要深度中文创作选文心一言（如古诗词、公文写作）；
- 追求技术性能平衡选 DeepSeek（如编程、数据分析）；
- 跨国业务场景建议 DeepSeek+Gemini 组合使用；
- 本土化营销场景文心一言 +DeepSeek 组合更佳。

第三章

提示词工程：从初级到高级的实践

AI 的提示词（Prompt）是用户与人工智能进行交互的输入指令，它直接影响 AI 生成内容的质量、精准度和可用性。在大语言模型（如 DeepSeek、ChatGPT、Claude、Gemini、文心一言等）和 AI 生成工具（如可灵、即梦、Midjourney、DALL·E 等）中，提示词作为桥梁，决定了 AI 的响应效果。

相比模糊不清的提示词，高质量的提示词有以下优点：

1. 提升 AI 生成内容的精准度：精准的提示词可确保 AI 生成符合预期的答案，减少无关或模糊的内容。

2. 优化 AI 交互体验：良好的提示词设计可提高 AI 的理解能力，使交互更自然高效。

3. 促进创意与生产力：高质量提示词使 AI 在创作、代码编写、数据分析等方面发挥最大效能，提高工作效率。

4. 降低 AI 误解风险：明确的提示词能减少 AI 产生偏差或误导性信息的概率，提高可靠性。

那我们该如何认识和使用提示词呢？做到下面几点：

1. 明确目标：清晰表达需求，避免含糊的指令。例如，"写一篇关于人工智能的文章"不如"撰写一篇 1000 字的科普文章，介绍人工智能的发展历史及未来趋势"。

2.结构化设计：使用分步骤指令或示例提高 AI 的理解。例如，提供写作框架、数据格式或语气要求，使 AI 生成符合预期的内容。

3.实验与优化：提示词需要不断调整和优化，测试不同表达方式，观察 AI 响应，并调整指令，提高结果质量。

4.利用高级技巧：可以使用角色扮演（"假设你是一位 AI 研究员"）、背景信息补充（"基于2024年 AI 发展"）或约束条件（"回答限制在200字内"），使 AI 生成更具针对性的内容。

提示词是引导 AI 产生最佳内容的关键，理解并优化提示词的设计能力，将极大提升 AI 的应用价值。

3.1 什么是提示词 / 引导词及引导力（prompt-ability）？

3.1.1 提示词的概念与作用

提示词是用户向人工智能输入的指令或引导信息，决定 AI 生成内容的质量、精准度和可用性。它是 AI 生成任务的核心要素，影响 AI 在文本、图像、代码、数据分析等不同任务中的表现。

提示词和 AI 的"工作"关系如下图所示：

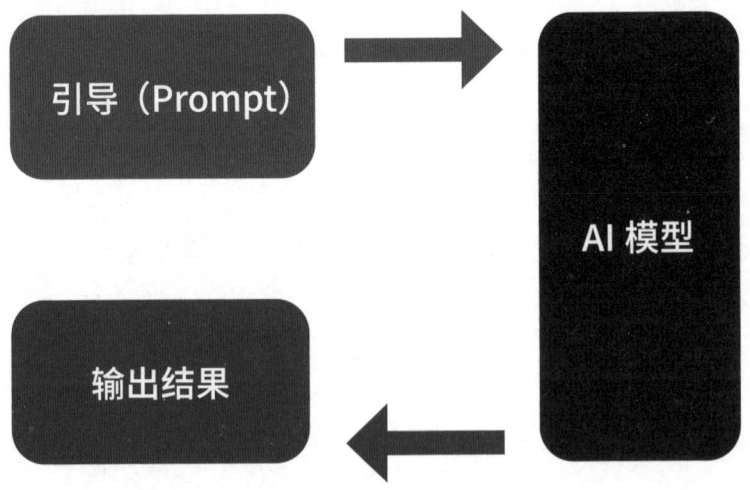

简单地说，提示词就是喂给 AI 模型的话，它可以只有一句，还可以是一段话或一系列话，下面是提示词的示例：

- 什么是抗生素？
- 创作一首诗来描述山脉的雄伟和力量。
- 对比 ChatGPT 和文心一言两个大模型的产品性能，提出一个报告的提纲。精确到 3 级标题。
- 如何快速高效地下载 B 站的视频？
- 我的手机是 iPhone15pro，为了让自己少刷手机，减少屏幕使用时间，不要沉迷短视频和社交媒体之类的 App，请问我该如何对 iPhone 15 Pro 进行设置？请尽可能给出有效答案。
- 东莞有 1048 万人口，他们均匀分布在该城市的各个区域。请大致推算这个城市需要多少理发师？

这些问话式手法人人都会，好像没什么特别。那为什么会认为提示词是 AI 时代很重要的技巧？

示例

场景：某公司的电动车起火导致重大事故，该公司应该如何应对？

> **◇ 低引导力提示词**
>
> A 公司制造的电动车发生事故导致 3 人死亡，请给这个公司提出应对策略。

> **◇ 低引导力提示词运行结果**
>
> 一、立即应急响应
>
> 1. 启动应急预案
>
>   • 公司应立即启动应急预案，成立事故应急处理小组，明确各成员职责，确保快速、有序地应对事故。

2. 现场处置

·派遣专业人员前往事故现场，协助交管部门进行现场勘查，同时做好现场保护，防止证据丢失。

3. 家属安抚

·立即联系死者家属，表达公司深切的哀悼和慰问，并承诺将全力配合处理善后事宜。

二、全面调查与分析

1. 事故原因调查

·成立专门的事故调查组，对事故原因进行深入调查，包括车辆技术状况、驾驶人操作行为、道路环境等方面。

2. 产品质量评估

·对涉事电动车进行全面的质量检测，评估是否存在产品质量问题，如电池、刹车系统、控制系统等。

3. 数据分析

·分析车辆行驶数据、维修记录等，查找可能存在的隐患或问题点。

三、公开透明应对

1. 信息发布

·通过官方渠道及时发布事故信息，包括事故经过、伤亡情况、公司应对措施等，保持信息透明，避免谣言传播。

2. 媒体沟通

·主动与媒体沟通，提供准确的事故信息，回应社会关切，展现公司的责任感和担当。

四、法律责任与赔偿

1. 法律责任

·如事故调查结果显示公司存在过错或产品质量问题，公司应依法承担相应的法律责任。

2. 赔偿协商

·与死者家属进行赔偿协商，依据法律法规和赔偿标准，确保家属得到合理的经济赔偿。

五、内部整改与提升

1. 问题整改

· 针对事故调查中发现的问题,立即进行整改,包括产品设计、生产流程、质量控制等方面。

2. 技术升级

· 加大技术研发投入,对电动车进行技术升级,提高车辆的安全性和可靠性。

3. 培训与教育

· 加强员工的安全意识和技能培训,特别是与生产、质量、售后等相关的员工,确保他们严格遵守操作规程和质量标准。

六、持续监测与预防

1. 建立监测机制

· 建立电动车使用情况的监测机制,及时发现并处理潜在的安全隐患。

2. 预防措施

· 制定并实施一系列预防措施,如加强车辆维护、提高驾驶人安全意识、完善售后服务等,防止类似事故再次发生。

综上所述,A公司应面对事故采取立即应急响应、全面调查与分析、公开透明应对、法律责任与赔偿、内部整改与提升以及持续监测与预防策略,以妥善处理事故善后事宜,恢复公司形象,并防止类似事故再次发生。

从回答的结果来看应该是不错。总感觉差了一点点味道。是什么?我们可以用下面几个提示词试试:

✂ 高引导力提示词1

针对全面应对

A公司生产的电动车因【电池起火】事故导致3人死亡,目前面临公众质疑和政府调查。请从危机管理、公关策略、法律责任、技术改进等方面,为A公司制定一套全面的应对方案,包括短期应对措施(24—72小时内)和长期品牌修复计划。

高引导力提示词 2

针对公关危机管理

A 公司生产的电动车因【刹车系统故障】导致 3 人死亡,新闻曝光后引发大量负面舆论,公司股价下跌 10%。请制定一份公关危机管理策略,包括:

- 72 小时内的紧急回应计划
- 与政府和监管机构的沟通策略
- 社交媒体舆论引导方案
- 长期品牌信任修复计划

高引导力提示词 3

针对技术改进与安全防范

A 公司生产的电动车因【自动驾驶系统误判】导致 3 人死亡,导致产品安全性受到质疑。请从技术改进、产品安全、测试流程等方面,制定一份产品安全优化方案,包括:

- 事故调查与数据分析方法
- 关键技术缺陷的改进方向
- 短期 OTA 更新计划
- 长期安全保障机制

大家不妨把上面的 3 个提示词喂给 AI,AI 输出的结果就会很不一样,比如我们看看第一个优化过后的提示词的效果。

高引导力提示词 1 运行结果

一、短期应对措施(24—72 小时内)

1. 危机管理

(1)立即启动危机应对机制

- 成立危机管理小组,明确组长和成员职责,确保快速、有效地应对事故。

　　·制定危机应对流程，包括信息报告、现场处置、家属安抚、媒体沟通等。

（2）现场紧急处置

　　·派遣专业人员前往事故现场，协助消防部门灭火，并做好现场保护，防止证据丢失。

　　·确保受伤人员得到及时救治，对死者家属表示深切慰问，并承诺全力配合处理善后事宜。

（3）内部信息通报

　　·向公司内部员工通报事故情况，保持信息透明，避免谣言传播。

　　·要求员工保持统一口径，不得随意发表言论或泄露公司内部信息。

2. 公关策略

（1）发布官方声明

　　·在事故发生后24小时内，通过官方渠道发布声明，对事故造成的死亡人员表示深切哀悼，并承诺将全力配合政府调查，查明事故原因。

　　·表明公司对产品质量和消费者安全的重视，承诺将采取一切必要措施防止类似事故再次发生。

（2）媒体沟通

　　·主动与媒体建立联系，提供准确的事故信息，回应社会关切。

　　·安排公司发言人接受采访，传递公司立场和态度，避免负面舆论扩散。

3. 法律责任

（1）配合政府调查

　　·全力配合政府相关部门的调查工作，提供所需的所有资料和证据。

　　·如实陈述事故经过，不隐瞒、不掩盖任何事实。

（2）法律咨询与应对

　　·寻求专业律师的法律咨询，了解公司可能面临的法律责任和风险。

　　·根据律师建议，制定应对策略，确保公司合法权益得到保护。

4. 技术改进

（1）暂停相关产品销售

·立即暂停涉事电动车型号的销售，并对已售出的同型号车辆进行召回和排查。

·对库存车辆进行安全检查，确保没有类似安全隐患。

（2）成立技术调查小组

·成立由技术专家组成的小组，对电池起火原因进行深入调查和分析。

·制定技术改进方案，确保产品安全性和可靠性得到提升。

二、长期品牌修复计划

1. 危机管理持续优化

（1）完善危机应对机制

·根据本次事故应对经验，完善危机应对机制，提高应对突发事件的能力和效率。

·定期组织危机演练，提高员工应对危机的能力和素质。

（2）加强风险监测与预警

·建立风险监测和预警系统，及时发现并处理潜在的安全隐患。

·加强与政府部门、行业协会等机构的合作与交流，共同推动行业安全发展。

2. 公关策略深化

（1）持续沟通与合作

·保持与媒体的长期合作关系，定期发布公司动态和产品信息，传递正面形象。

·加强与消费者、合作伙伴等利益相关方的沟通与合作，增强品牌信任度和忠诚度。

（2）社会责任与公益活动

·积极参与社会公益活动，履行企业社会责任，提升品牌形象和美誉度。

·关注消费者权益保护，加强售后服务和产品质量保障，赢得消费者信任和支持。

3. 法律责任履行与合规建设

（1）严格履行法律责任

· 如事故调查结果显示公司存在过错或产品质量问题，公司将严格履行法律责任，承担相应的赔偿和处罚。

· 加强合规管理，确保公司经营活动符合法律法规要求。

（2）加强合规培训与文化建设

· 组织员工进行合规培训，提高员工的法律意识和合规意识。

· 营造合规文化氛围，鼓励员工自觉遵守法律法规和公司规章制度。

4. 技术改进与创新

（1）持续技术改进与创新

· 加大对技术研发的投入，持续改进产品设计和生产工艺，提高产品安全性和可靠性。

· 引进先进技术和设备，提升生产效率和产品质量。

（2）建立质量管理体系

· 建立完善的质量管理体系，确保产品从设计、生产到销售的每一个环节都符合质量标准要求。

· 加强对供应商的管理和监督，确保原材料和零部件的质量可靠。

综上所述，A公司应针对电池起火事故采取短期应对措施和长期品牌修复计划，通过危机管理、公关策略、法律责任履行与技术改进等方面的努力，妥善处理事故善后事宜，恢复公司形象，并防止类似事故再次发生。

同样的问题不同的提示词导致的结果不一样，这说明提示词在AI模型使用中起着重要作用。

3.1.2 引导力的概念

这两个提示词针对的是同一件事，但提出的方案却截然不同。为何会有如此大的差异？这就引出了本章开头所强调的观点：提示词对于产生结果具有至关重要的作用！为此，我们提出了一个全新的概念——"引导力"。那么，什么是引导力呢？简而言之，引导力就是生成和优化提示词的能力。它具体涵盖以下四

个方面:

- 明确目标:知道自己想要达到什么目的。
- 设计引导架构:精心构思提示词的结构和表述方式。
- 判断引导结果:评估提示词所产生的结果是否符合预期。
- 修正引导结果:根据评估结果对提示词进行必要的调整和优化。

"引导力"是一种在 AI 交互中构思、优化和调整提示词以获取最佳结果的能力。它涵盖目标明确性、架构设计、结果验证和结果修正四个方面,决定了 AI 生成内容的质量。以下是每个方面的详细解释,并辅以示例说明。

示例 1. 明确目标

定义:清楚知道自己想要 AI 生成什么内容,确保目标清晰、具体、可衡量。

> **✧ 低引导力提示词**
>
> 写一份关于 A 公司电动车事故的公关声明。

⊗ 分析中……

1. 低引导力提示词目标模糊,可能导致 AI 生成的结果不符合需求,比如风格不正式、缺乏补偿方案或不符合公关策略。
2. 高引导力提示词需明确目标(公关声明)、受众(A 公司高管)、内容要点(责任、改进、补偿)、篇幅(500 字)、语气(正式且富有同理心)。

> **⋈ 高引导力提示词**
>
> 请为 A 公司的高管撰写一份 500 字的公关声明,以应对电动车电池起火事故,重点强调公司责任、改进措施和对受害者的补偿计划。语气正式且富有同理心。

示例 2. 设计引导架构

定义:构思提示词的结构,使其逻辑清晰、信息完整、符合 AI 处理模式。

✧ **低引导力提示词**

请写一篇关于 AI 影响工作的文章。

❀ **分析中……**

1. 低引导力提示词结构模糊，AI 可能随机组织内容，导致质量不稳定或不符合期望。

2. 高引导力提示词需提供清晰的结构（分为四部分）、具体要求（字数分配、目标受众、语气），这样 AI 生成的文章会更加符合需求。

⁂ **高引导力提示词**

请写一篇关于 AI 对未来工作的影响的分析文章，包含以下部分：

- 第一部分：概述——简要介绍 AI 技术的发展及其对社会的影响（100字）。

- 第二部分：积极影响——列举 3 个 AI 在工作领域的正面影响，如提升效率、创造新岗位等（200字）。

- 第三部分：潜在风险——分析 2 个 AI 可能带来的负面影响，如失业问题或数据隐私问题（200字）。

- 第四部分：结论与建议——总结观点，并提出应对 AI 影响的建议（100字）。

- 语气：专业、客观，适用于商业管理人士阅读。

示例 3. 判断引导结果

定义：评估 AI 生成的内容是否符合预期，并识别问题点。

✧ **低引导力提示词**

- 提示词目标：写一篇文章。

- AI 生成结果：文章内容泛泛而谈，用户感到不满意。

- 判断：仅凭"感觉不对"来评估，而没有具体标准，导致无法有效调整提示词。

分析中……

1. 低引导力提示词的评估方式缺乏标准，用户可能难以准确指出 AI 结果的缺陷，影响后续优化。
2. 高引导力提示词需提供具体标准（如是否包含关键要素），从而能精确判断 AI 输出是否符合要求。

高引导力提示词

- 提示词目标：撰写商业计划书的摘要。
- AI 生成结果：包含市场分析、商业模式、财务预测，但缺少风险评估部分。
- 判断：目标未完全达成，需要调整提示词以补充遗漏部分。

示例 4. 修正引导结果

定义：根据评估反馈，对提示词进行调整和优化，使 AI 生成的内容更符合需求。

低引导力提示词

写一篇 AI 伦理相关文章。

分析中……

1. 低引导力提示词调整没有具体改进点，可能导致 AI 生成的结果仍然无法满足需求。
2. 高引导力提示词需基于明确的评估反馈（内容不够详细、缺少案例）进行针对性修改。

高引导力提示词

请撰写一篇 1500 字的文章，分析 AI 伦理问题，重点讨论以下方面：

- 数据隐私：包括《通用数据保护条例》（GDPR）等法规及具体案例。
- 算法偏见：列举实际案例，如招聘 AI 的偏见问题。
- 责任归属：探讨 AI 决策失误时的责任界定。
- 可行对策：提出 3 条减少 AI 伦理风险的具体方案。

总结

引导力核心方面	定义	高引导力提示词示例	低引导力提示词示例
明确目标	目标清晰、具体、可衡量	指定受众、篇幅、内容重点	目标模糊，可能导致 AI 偏离需求
设计引导架构	提示词结构清晰、分层合理	提供具体结构和逻辑层次	提示词过于简单，结构混乱
判断引导结果	评估 AI 输出是否符合预期	依据具体标准检查内容完整性	仅凭直觉判断结果好坏
修正引导结果	依据评估反馈优化提示词	针对问题点进行精细调整	仅模糊要求 AI "优化"，缺乏方向

引导力是除逻辑能力、想象能力之外，第三种必备的核心能力。这种能力的强弱，将直接决定你在 AI 时代的适应能力和竞争力。本书中所使用的所有提示词，都将直接或间接地体现出对引导力的要求和应用。

由于本书的要求，我们将不会对引导力的理论进行过多深入的探讨。

3.1.3 提示词的类型

开放式引导提示词

开放式引导旨在引发广泛的反应。它们不会将人工智能的输出限制为特定的答案或格式。

示例："告诉我罗马帝国的历史。"这使人工智能能够以广泛的方式探索这个话题。

特定引导 / 关闭式引导提示词

这些引导更加集中，并指导人工智能提供特定的信息或简洁的响应。

示例："法国的首都是哪里？"这个引导需要一个直截了当、准确的答案。

创意性引导提示词

创造性引导鼓励人工智能生成原创和富有想象力的内容。这些通常用于讲故事、艺术、音乐和其他创意领域。

例如："写一个关于时间旅行侦探的短篇小说。"

教学性引导提示词

教学性引导用于指导人工智能执行特定任务或解释如何做某事。

示例:"解释光合作用是如何在植物中发挥作用的。"

说服性引导提示词

这些引导旨在模拟或生成有说服力的文本。它们在营销、广告和辩论场景中非常有用。

示例:"说服我去巴黎。"

比较性引导提示词

比较性引导要求人工智能比较两个或多个项目、概念或场景。

示例:"将可再生能源与化石燃料进行比较和对比。"

假设性引导提示词

这些引导涉及想象或推测的场景,鼓励人工智能考虑并应对"假设"情况。

示例:"如果互联网停止工作一天,会发生什么?"

反思性引导提示词

反思性引导要求人工智能就某些主题提供分析或意见。虽然人工智能没有个人经验,但它可以根据可用数据产生反应。

示例:"人工智能对就业市场的潜在影响是什么?"

3.1.4 生成有效引导的原则

明确具体

清楚地阐明你希望人工智能做什么。具体的引导更有可能产生准确而有用的反应。例如,与其说"告诉我关于汽车的情况",不如说"提供电动汽车技术的最新趋势摘要"。

提供上下文

在引导中包含上下文有助于人工智能了解你感兴趣的背景或具体角度。例如,"写一份关于环境政策的简报,重点关注它们对城市地区空气质量的影响。"

使用直接语言

措辞要直截了当。避免使用可能被人工智能误解的模棱两可的语言。比如:"我要去公园",不要说"我要去有花有水的地方"。

设置所需的语调和风格

如果语气或风格很重要（例如，正式、随意、幽默），请在引导中指定。例如，"写一篇关于简单家庭锻炼的随意博客文章"。

限制范围

特别是对于更复杂的主题，请限制引导的范围，避免回答过于宽泛或笼统。例如，与其询问第二次世界大战的概况，不如询问战争的具体事件或方面。

按引导顺序排列

对于复杂的任务，将您的请求分解为一系列引导。从一个更广泛的问题开始，然后根据最初的回答提出后续问题。

示例：制作三明治的指南可分成：（1）描述制作三明治所需的食材；（2）描述如何准备食材；（3）描述三明治的组合过程；（4）描述如何食用三明治。

有效使用关键词

在引导中包含相关关键词，以引导人工智能的关注点。例如，"在天体物理学的背景下解释引力波的概念"。

尝试不同的引导类型

不要犹豫，尝试各种类型的引导（例如，开放式、创造性、特定的），看看哪种引导最能满足您的需求。

迭代引导

使用人工智能的响应反复完善您的引导。如果第一个回答不完全是你想要的，那么就以此为基础提出更有针对性的后续问题。

举例：迭代引导是在先前的输出上细化或扩展提示：（1）描述一个宁静的乡村；（2）介绍一个破坏村庄平静的神秘事件；（3）描述村民们对这一神秘事件的反应；（4）揭示神秘事件的来源及其对村庄的影响；（5）通过展示事件的解决方案及其对村庄的持久影响来结束故事。

避免提出引导性或有偏见的问题

尽量以中立的方式构建引导，以避免有偏见或引导性的回答，尤其是在寻求事实信息或不同观点时。

举例：你认为这个政策是不是很糟糕？（带偏见）；你对这个政策有什么看法？（中立）

3.2 提示词的框架、人设、格式和语调

3.2.1 提示词的六度框架

在 AI 生成内容的过程中,提示词的设计直接影响最终输出的质量。一个结构化的提示词需要包含多个关键维度,以确保 AI 充分理解任务并按照预期方向生成内容。我们建议使用六度框架来构建一个完善的提示词:任务(Task)、背景(Context)、人设(Persona)、示例(Example)、格式(Format)、语调(Tone)。

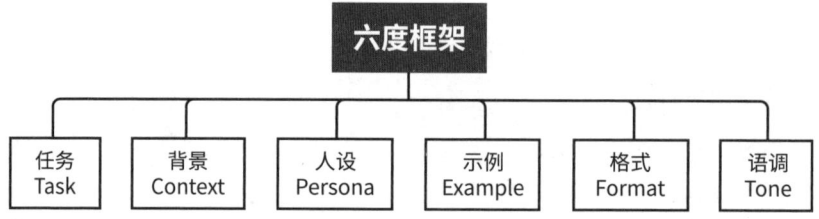

每个维度在提示词设计中的作用至关重要,以下是详细解析及示例:

示例 1. 任务

任务是提示词的核心,决定了 AI 需要执行什么操作。任务描述要清晰、具体,避免模糊或歧义。

> ✧ **低引导力提示词**
>
> 请写一篇关于电动汽车的文章。

⊗ 分析中……

1. 低引导力的任务描述写得十分模糊,AI 可能生成泛泛而谈的内容,无法满足特定需求。
2. 高引导力的任务描述需清晰定义文章的类型(市场分析报告)、长度(500字)、重点(增长趋势)、地区范围(中国、欧洲、美国)以及需要数据支持。

> ✂ **高引导力提示词**
>
> 请撰写一篇 500 字的市场分析报告,分析 2024 年电动汽车行业的增长趋势,重点讨论中国、欧洲和美国市场的情况,并提供数据支持。

◈ 示例 2. 背景

背景用于给 AI 额外的知识输入,确保 AI 生成的内容基于正确的信息,而不会胡编乱造。

> ✧ **低引导力提示词**
>
> 请写一篇关于 A 公司新产品 Model X 的新闻稿。

⊗ 分析中……

1. 低引导力的背景信息会让 AI 迷惑,它可能不知道 Model X 是哪家公司的产品,也不清楚其特点,导致生成的内容不够准确。
2. 高引导力的背景描述需提供公司的行业地位、总部、技术特点、新产品和市场策略,使 AI 更准确地撰写新闻稿。

> ✂ **高引导力提示词**
>
> A 公司是全球领先的电动汽车制造商,总部位于美国加州,以高性能电池技术闻名。最近,该公司发布了全新的 Model X,并计划在亚洲市场扩张。请根据这一背景,撰写一份新闻稿,介绍 Model X 的核心卖点和市场前景。

◈ 示例 3. 示例

示例用于向 AI 展示期望的格式、风格或逻辑,提高生成内容的精准度。

> ✧ **低引导力提示词**
>
> 写一封客户服务邮件,解释充电桩故障处理方式。

> 🔍 分析中……
>
> 1. 低引导力提示词可能会让 AI 写出风格不一致的邮件,比如太正式或过于随意。
> 2. 高引导力提示词需确保 AI 生成的内容符合用户期待的格式和风格。

> ✳ **高引导力提示词**
>
> 请撰写一封客户服务回复邮件,向用户解释如何处理充电桩故障。格式如下:
> - 标题:充电桩使用问题的解决方案
> - 开头:亲爱的客户,感谢您的来信……
> - 正文:充电桩可能出现的问题包括……解决方法如下……
> - 结尾:如果您有任何疑问,请随时联系我们。

我们将在下面单独详细讨论"人设""格式"及"语调"。

3.2.2 提示词的人设

在提示词设计中,"人设"(Persona)指的是 AI 在生成内容时所扮演的身份,或者内容的目标受众。通过设定人设,可以让 AI 以特定的角色、知识背景、语气和风格输出内容,使其更符合需求。

人设主要用于:

1. 设定 AI 的身份:让 AI 以特定角色(如专家、记者、教授、营销人员等)来生成内容,使其更专业和精准。

2. 指定目标受众:确保内容的语言风格、深度和表达方式适合特定的阅读群体。

那为什么"人设"至关重要?

1. 影响内容专业度:不同角色的知识深度和表达方式不同,例如同样谈论人工智能,AI 研究员和中学教师的表达方式会有很大差异。

2. 控制内容风格:设定不同的角色能让 AI 采用特定的语气,如正式、幽默、教学式等,使内容更符合预期。

3. 确保信息准确性：让 AI 以行业专家或某个领域的从业者身份写作，可以提高内容的可靠性，而不会过度泛化或失真。

4. 增强用户体验：让 AI 以"客服代表"、"私人教练"或"心理咨询师"的身份提供服务，会让对话更贴近真实人际交互，提升互动感。

在使用时，我们可以将"人设"分为两大类别：

1. 设定 AI 的角色（AI 以某个身份来写作或回答问题）；

2. 设定目标受众（AI 根据受众特点调整内容风格）。

下面用 5 个示例来展现该如何分别用这两种人设来思考和修改提示词，前 3 种是给 AI 设定角色，后 2 种是确定目标受众。

示例 1. AI 作为行业专家

让 AI 以特定身份来写作，确保内容符合该角色的专业知识和风格。

> **✧ 低引导力提示词**
>
> 请写一篇关于通货膨胀的文章。

> **⚛ 分析中……**
>
> 1. 低引导力提示词没有设定 AI 角色，可能会生成过于浅显或不够严谨的内容。
>
> 2. 没有人设时，AI 可能默认使用泛泛的写作方式，不一定符合需求。
>
> 3. 高引导力提示词需指定 AI 扮演"资深金融分析师"，这会使得内容更加专业，使用更符合行业标准的语言，并包含数据分析。

> **⚛ 高引导力提示词**
>
> 你是一名资深金融分析师，专门研究全球经济趋势。请撰写一篇关于当前通货膨胀趋势的深度分析报告，重点讨论美联储的货币政策、全球市场影响以及未来预测。请使用专业术语，并引用最新数据支持结论。

示例 2. AI 作为律师

> ✧ **低引导力提示词**
>
> 请解释 AI 生成的作品是否有版权。

⊗ 分析中……

1. 低引导力提示词可能会得到表面化的答案，缺乏深度和法理依据。
2. 高引导力提示词需设定 AI 为"知识产权律师"，这会让 AI 倾向于从法律角度进行专业分析，而不是泛泛而谈。

> ✼ **高引导力提示词**
>
> 你是一名经验丰富的知识产权律师，请撰写一篇关于人工智能生成作品的版权归属问题的法律分析报告，结合各国法律规定，探讨可能的法律挑战和解决方案。

示例 3. AI 作为历史学家

> ✧ **低引导力提示词**
>
> 请介绍土木之变。

⊗ 分析中……

1. 低引导力提示词只是简单罗列事件，而缺乏深度分析。
2. 高引导力提示词需设定 AI 角色为"历史学家"，这样 AI 会倾向于使用历史学的分析方法，提供更权威的观点。

> ✼ **高引导力提示词**
>
> 你是一位研究中国明朝历史的历史学家，请撰写一篇关于"土木之变"的分析文章，探讨其历史背景、政治影响以及对明朝后期的影响。请引用历史资料，并提供学术性的论述。

示例 4. 面向专家 vs 面向大众

> ✧ **低引导力提示词**
>
> 请介绍量子计算。

❀ **分析中……**

1. 低引导力提示词可能会得到介于专家和普通读者之间的内容,既不够专业,也不够通俗。
2. 高引导力提示词需区分不同人设,针对计算机科学家的版本使用专业术语、数学推导,适合具有专业背景的受众。如需要写作针对普通读者的版本,则建议使用通俗语言和现实应用,使内容易于理解。

> ⁂ **高引导力提示词**
>
> 请用通俗易懂的语言向普通读者解释量子计算是什么,避免使用复杂数学概念,并举例说明量子计算在现实世界的应用,如加密破解和药物研发。

示例 5. 面向儿童 vs 面向企业家

> ✧ **低引导力提示词**
>
> 请解释人工智能的作用。

❀ **分析中……**

同前例,高引导力提示词要设有不同人设。
1. 针对企业家的版本侧重商业价值和企业管理,提高内容的针对性。
2. 针对儿童的版本使用简单易懂的语言,并提供易于理解的例子。

> ⁂ **高引导力提示词**
>
> ☑ 儿童版
>
> 请用适合 10 岁孩子的语言解释人工智能是什么,并举一个关于智能语音

助手的例子，让他们能够理解。

☑ **企业家版**

请撰写一篇关于人工智能如何提高企业运营效率的文章，目标受众为企业高管，重点探讨 AI 在数据分析、自动化和客户服务中的应用。

总结

类别	高引导力提示词示例	低引导力提示词示例	作用
设定 AI 角色	你是一名资深金融分析师，请撰写关于通胀的深度分析。	请写一篇关于通货膨胀的文章。	提升专业度，确保内容符合角色身份
设定目标受众	请用通俗易懂的语言解释量子计算，避免数学术语。	请介绍量子计算。	确保语言和风格适合目标读者

"人设"在提示词设计中起着决定性作用，它不仅可以让 AI 生成更专业的内容，还可以确保内容符合特定受众的需求。通过合理使用"人设"，可以大幅提升 AI 生成内容的质量和适用性。

3.2.3 提示词的格式

格式（Format）指的是 AI 生成内容的结构和呈现方式。在提示词设计中，格式的设定可以直接影响内容的可读性、条理性和实用性。合理的格式能够让 AI 生成的内容更符合需求，提高信息的清晰度，使用户能够快速获取关键内容。

为什么格式很重要？

1. 提高可读性：清晰的结构能帮助读者快速理解信息，避免冗长的文字影响阅读体验。

2. 控制输出结构：通过设定格式，可以避免 AI 生成不符合需求的内容（如缺少层次、缺乏条理）。

3. 提高生成内容的适用性：不同场景下需要不同格式，比如新闻稿需要摘要+正文，市场分析需要数据表格，法律文件需要条款格式等。

4. 确保一致性：在生成多篇类似内容时，设定格式可以让所有输出保持统一风格，适用于自动化任务。

在提示词设计中，格式可以适用于多个场景，包括但不限于

- 结构化文本（如报告、邮件、新闻稿、面试问题）
- 列表或要点（如总结、产品特点、待办事项）
- 表格（如数据对比、时间表、市场分析）
- 代码格式（如 Python、JavaScript 代码片段）
- Markdown/HTML（适用于博客、文档写作）

我们可以通过明确指令或示例的方式来引导 AI 输出符合要求的格式。下面的几个例子会说明如何来写。

示例 1. 结构化文本

适用于新闻稿、报告、演讲稿等需要有清晰层次的内容。

> ✧ **低引导力提示词**
>
> 请分析 2024 年全球主要电动车厂商的市场情况。

❀ 分析中……

1. 低引导力提示词未指定格式，AI 可能以长段落或其他不适合的格式输出，影响阅读体验。
2. 高引导力提示词需明确格式要求，这样 AI 会按照指定的结构生成内容，提高可读性。

> ❀ **高引导力提示词**
>
> 请撰写一份 × 电动车厂商市场分析报告，并使用以下格式：
> - 标题
> - 摘要
> - 市场趋势
> - 竞争分析
> - 结论和建议

示例 2. 列举格式

适用于要点总结、产品特点、待办事项、优势对比等。

> ✧ **低引导力提示词**
>
> 请介绍 2024 年电动车行业的趋势。

❀ **分析中……**

1. 低引导力提示词可能会导致 AI 生成大段文字，不便于阅读。
2. 高引导力提示词需让 AI 生成清晰的要点列表，方便快速阅读。

> ❀ **高引导力提示词**
>
> 请列出 2024 年电动车行业的三大趋势，每个趋势包含标题和简要说明，格式如下：
>
> ・趋势 1：XXX（50 字说明）
>
> ・趋势 2：XXX（50 字说明）
>
> ・趋势 3：XXX（50 字说明）

示例 3. 表格格式

适用于数据对比、市场分析、财务报表、时间安排等场景。

> ✧ **低引导力提示词**
>
> 请列出 2024 年全球主要电动车厂商在华销售情况。

❀ **分析中……**

1. 低引导力提示词可能会导致 AI 以段落或散乱的文本呈现数据，不便于对比分析。
2. 高引导力提示词需明确要求使用表格格式，AI 生成的内容更清晰、易读。

❋ **高引导力提示词**

请用表格列出 2024 年 1—10 月在华销售主要电动车厂商的市场份额、销量和增长率，格式如下：

厂商	市场份额	年销量	增长率
特斯拉	XX%	XXX 万辆	XX%
比亚迪	XX%	XXX 万辆	XX%
宝马	XX%	XXX 万辆	XX%

示例 4. 代码格式

适用于技术文档、代码示例、编程教学。

✧ **低引导力提示词**

请写一个计算器程序。

⊗ **分析中……**

1. 低引导力提示词可能会让 AI 生成一段混乱的代码，缺少注释或关键功能。
2. 高引导力提示词需指定编程语言（如 Python），提供函数结构，并要求附上注释，使代码更规范。

❋ **高引导力提示词**

请用 Python 代码实现一个简单的计算器，包括加法、减法、乘法和除法功能。格式如下：

```
def add(x, y):
    return x + y
def subtract(x, y):
    return x - y
def multiply(x, y):
    return x * y
```

```
def divide(x, y):
    if y == 0:
        return "Cannot divide by zero"
    return x / y
print(add(5, 3))
```

请确保代码可运行,并附上简要注释。

示例 5. Markdown/HTML 格式

适用于博客文章、在线文档、网页内容。

✧ **低引导力提示词**

请写一个博客文章。

⊗ **分析中……**

指定 Markdown 和 HTML 格式会具有更高引导力,这两种格式适用于特定的内容展示平台,通过格式化指令,AI 生成的内容可以直接用于发布,无需手动调整格式。

✻ **高引导力提示词(Markdown 格式)**

请使用 Markdown 格式撰写一篇关于 AI 的博客文章,格式如下:

人工智能的未来

##1. 什么是人工智能?

人工智能(AI)是一门模拟人类智能的技术……

##2. AI 的主要应用

自动驾驶:AI 可以……

自然语言处理:AI 使得……

##3. 未来发展趋势

未来,AI 可能会……

> **高引导力提示词（HTML 格式）**
>
> 请用 HTML 代码生成一篇简要的 AI 文章，格式如下：
>
> <h1> 人工智能的未来 </h1>
>
> <h2> 什么是人工智能？ </h2>
>
> <p> 人工智能（AI）是一种模拟人类智能的技术……</p>

总结

格式类型	适用场景	高引导力提示词示例	低引导力提示词示例
结构化文本	报告、文章	请撰写市场分析报告，分成摘要、趋势、竞争分析等部分。	请写一篇关于市场分析的文章。
列举格式	关键要点、总结	请列出 2024 年电动车行业的三大趋势，每个趋势 50 字。	请介绍电动车行业的趋势。
表格格式	数据对比、市场研究	请用表格列出主要电动车厂商的市场份额。	请列出主要电动车厂商的市场份额。
代码格式	编程教学、技术文档	请用 Python 实现计算器，并提供完整代码。	请写一个计算器程序。

在提示词设计中，格式决定了 AI 输出内容的结构和可读性。通过明确指定格式，可以让 AI 生成的内容更加清晰、易读、专业，提升实用性。

3.2.4 提示词的语调

在提示词设计中，语调指的是 AI 生成内容的表达方式和风格。不同的语调会影响文章的情绪、正式程度以及目标读者的体验。

语调的选择需要基于以下因素：

- 目标受众（是普通读者还是专业人士？）
- 使用场景（是新闻报道、学术论文，还是社交媒体帖子？）
- 情感倾向（是否需要严肃、幽默、正式或轻松的表达方式？）

那为什么语调很重要呢？

1. 影响内容的适用性：不同场合需要不同语调，例如法律合同需要正式语调，而社交媒体帖子可能需要轻松幽默的语调。

2.影响用户体验：语调决定了内容的可读性和吸引力，好的语调能让读者更愿意阅读和接受信息。

3.确保 AI 生成的内容符合品牌或个人风格：在商业或品牌推广中，语调一致性至关重要。

在设计提示词时，可以通过明确语调指令来影响 AI 生成的内容。例如：

- 正式
- 非正式
- 幽默
- 说服性
- 温暖亲切
- 客观中立

示例 1. 正式语调

适用于商务沟通、学术论文、法律文件、政府公告等，强调客观、理性、精确的表达。

> **◇ 低引导力提示词**
>
> 写一篇关于气候变化的文章。

❀ 分析中……

1.低引导力提示词可能会导致 AI 生成口语化或不够专业的内容，影响严肃性。

2.高引导力提示词需指定语调，如正式语调，这可以让 AI 采用学术性和权威性的语言，确保内容适合政府和专业人士阅读。

> **❖ 高引导力提示词**
>
> 请用正式语调撰写一份关于全球气候变化影响的报告，内容需引用权威数据，适用于政府机构阅读。

> ✳ **高引导力提示词运行结果**
>
> 全球气候变化已成为21世纪最严峻的环境挑战之一。据联合国政府间气候变化专门委员会（IPCC）报告显示，全球平均气温在过去一个世纪内上升了约1.1°C。这一趋势可能导致极端天气事件频发、海平面上升以及生态系统失衡。因此，各国政府需采取科学合理的减排政策，以确保可持续发展目标的实现。

示例 2. 非正式语调

适用于博客文章、社交媒体、邮件、轻松的对话式内容，更具亲和力。

> ✧ **低引导力提示词**
>
> 写一篇关于如何提高工作效率的文章。

✿ **分析中……**

1. 低引导力提示词可能让 AI 生成一篇普通格式的文章，缺乏亲和力。
2. 高引导力提示词可以让 AI 采用轻松幽默的语气，使内容更贴近年轻读者的阅读习惯。

> ✳ **高引导力提示词**
>
> 请用轻松、非正式的语调写一篇关于如何提高工作效率的博客文章，适合年轻职场人士阅读。

> ✳ **高引导力提示词运行结果**
>
> 你有没有感觉一天工作了8个小时，但真正高效的时间只有2个小时？别担心，你不是一个人！提高工作效率其实很简单：首先，试着用"番茄工作法"——工作25分钟，休息5分钟，这样你的大脑会更有活力。其次，把最难的任务放在早上完成，因为那时候你的注意力最集中。最后，远离手机！它是你效率的头号敌人。试试看，你会发现自己的时间管理能力提升了不少！

示例 3. 幽默语调

适用于娱乐性内容、社交媒体、营销广告、幽默专栏。

> **低引导力提示词**
>
> 写一篇关于如何在周一早晨保持好心情的文章。

分析中……

1. 低引导力提示词可能让 AI 生成一篇普通格式的文章，缺乏可读性。
2. 高引导力提示词可以让 AI 采用轻松幽默的语气，使内容更贴近年轻读者的阅读习惯。

> **高引导力提示词**
>
> 请用幽默风趣的语调写一篇关于"如何在周一早晨保持好心情"的社交媒体帖子。

> **高引导力提示词运行结果**
>
> 💡周一生存指南💡
> 1. 假装今天是周五——自我欺骗是一种强大的心理策略。
> 2. 喝杯咖啡，假装没看到未读邮件 ☕📥
> 3. 提前计划一顿美味午餐 🍔 让自己有点盼头。
> 4. 给自己一个奖励 🎁——如果你能在不翻白眼的情况下开完晨会，就点杯奶茶！

示例 4. 说服性语调

适用于市场营销、广告、公关文案、竞选演讲，目标是激发情绪、影响决策。

请写一则关于时间管理工具的广告。

✧ **低引导力提示词**

写一篇时间管理工具的文章。

❀ **分析中……**

1. 低引导力提示词可能让 AI 生成平淡无奇的描述，缺乏吸引力。
2. 高引导力提示词可以让 AI 采用鼓动性语言，通过夸张表达、号召性动词和紧迫感促使用户采取行动。

❀ **高引导力提示词**

请用说服性语调撰写一则广告文案，推广一款专为自由职业者设计的时间管理工具。

❀ **高引导力提示词运行结果**

🚀 告别拖延，从今天开始掌控你的时间！

你是否厌倦了每天忙忙碌碌，却始终无法高效完成任务？我们的智能时间管理工具，专为自由职业者量身打造！只需几次点击，你就能规划日程、优化工作流，让你的生产力翻倍提升！现在注册，还可享受 30 天免费试用！🔥 立即行动，抓住改变人生的机会！

总结

语调类型	适用场景	高引导力提示词示例	低引导力提示词示例
正式	学术、商务、法律	请撰写一份正式的经济报告，适用于调研机构。	写一篇关于经济的文章。
非正式	博客、社交媒体	请用轻松语气写一篇关于提高工作效率的博客。	写一篇关于如何提高工作效率的文章。
幽默	娱乐、营销、社交	请用幽默风格写一篇关于周一早晨的搞笑指南。	写一篇关于周一早晨如何保持好心情的文章。
说服性	营销、广告、公关	请用说服性语调撰写一则广告文案，推广一款专为自由职业者设计的时间管理工具。	写一篇时间管理工具的文章。

语调决定了 AI 生成内容的表达方式和风格。合理的语调设定能确保内容符合目标受众的需求，提高信息的可读性、吸引力和影响力。在提示词设计中，明确语调要求可以极大提升 AI 生成内容的质量，使其更符合预期目标。

3.3 多步推理的提示词优化技巧

多步推理（Multi-Step Reasoning）是 AI 在回答复杂问题时，通过多个逻辑步骤推导最终结论的过程。相比直接生成答案，多步推理能够提高准确性（避免 AI 直接给出错误结论）、提升逻辑性（确保 AI 逐步推导）并增强可解释性（让用户理解 AI 是如何得出结论的）。

为了让 AI 更好地进行多步推理，我们可以使用以下五个提示词优化技巧：明确任务目标、引导逐步思考、使用链式思维、设定检查和验证步骤以及提供示例或框架。

接下来，我们逐一解释这些技巧，并提供示例。

3.3.1 明确任务目标

在多步推理任务中，任务描述必须清晰具体，否则 AI 可能误解问题，导致错误答案。

> ✧ **低引导力提示词**
>
> 请分析全球电动汽车市场的趋势。

> ⊗ **分析中……**
>
> 1. 目标不明确，AI 可能生成过于泛化的内容。
> 2. AI 不知道应该分析技术、市场、法规还是消费者行为。
>
>   我们可以从下面这几个方面进行优化：
>
> 3. 设定了具体分析维度（技术、市场、政策）。
> 4. 要求逐步展开，确保 AI 按照逻辑层次组织内容。
> 5. 让 AI 提供案例，增强答案的说服力。

> ✳ **高引导力提示词**
>
> 请从技术发展、市场需求和政府政策三个方面,分析全球电动汽车市场的未来趋势。请逐步展开,并在每个方面提供至少一个具体案例。

3.3.2 引导逐步思考

AI 在遇到复杂问题时,可能会跳过关键步骤,导致答案片面或错误。通过引导 AI 逐步思考,可以确保答案更严谨。

> ✧ **低引导力提示词**
>
> 计算 2.5 小时内汽车以 60 公里 / 小时的速度行驶的总距离。

⚛ **分析中……**

1. AI 可能直接给出答案,而不展示计算过程。
2. 如果 AI 计算错误,用户无法判断哪里出错。

我们可以从以下这几个方面优化:

3. AI 需要分步骤计算,降低计算错误率。
4. 如果 AI 计算错误,用户可以轻松定位问题所在。

> ✳ **高引导力提示词**
>
> 一辆汽车以 60 公里 / 小时的速度行驶 2.5 小时。请按照以下步骤计算总行驶距离:
> 1. 计算 1 小时内行驶的距离。
> 2. 计算 2 小时内行驶的距离。
> 3. 计算 0.5 小时内行驶的距离。
> 4. 求和并给出最终答案。

3.3.3 使用链式思维

链式思维(Chain-of-Thought,CoT)是一种提示词设计技巧,它通过逐步推理的方法,引导 AI 先思考,再得出结论,而不是直接给出答案。

链式思维让 AI 像人类一样分步骤思考，避免直接跳到结论，特别适用于：数学推理（解题、计算、概率推断）、逻辑分析（因果推理、推演过程）、复杂决策（策略规划、多步骤问题）以及事实推理（历史、法律、科学问题）等方向。

这种思维方式之所以有效，是因为 AI 在直接回答复杂问题时容易出错，因为缺乏推理过程。但通过链式思维，可以让 AI 按照清晰的逻辑链条进行思考，降低错误率。它还能帮助 AI 处理需要"多步骤"计算或推理的问题，使答案更加准确。

链式思维主要依赖逐步推理，一般包含以下步骤：

1. 提出问题（明确目标）；

2. 分解问题（拆解成多个小步骤）；

3. 分析和计算（一步步推导答案）；

4. 总结答案（给出最终结果）。

链式思维的目标是让 AI 显式地展示推理过程，而不是简单给出一个答案。

示例1. 数学问题

✧ 低引导力提示词（没有使用链式思维）

一个农夫有 5 只鸡、3 只羊，每只鸡有 2 条腿，每只羊有 4 条腿。农场里一共有多少条腿？

✧ 低引导力提示词运行结果

5+3=8，所以总共有 8 条腿。

❀ 分析中……

1. 低引导力提示词没有链式思维，AI 可能直接得出错误答案，因为它可能误解了问题结构。

2. 高引导力提示词需使用链式思维，这样 AI 会逐步计算，确保每一步都正确。

3. 注意：现在的模型一般都是采用链式思维的方式来分析问题了。上面的

"并详细说明计算过程"一般可以省略。反过来,你可以使用"省略计算过程"来达到简洁的答案。

> **⚙ 高引导力提示词(使用链式思维)**
>
> 一个农夫有 5 只鸡、3 只羊。每只鸡有 2 条腿,每只羊有 4 条腿。请逐步计算农场里一共有多少条腿,并详细说明计算过程。
>
> ◆ AI 逐步推理:
>
> 1. 计算鸡的腿数:5 只鸡,每只 2 条腿,共 5×2=10 条腿。
>
> 2. 计算羊的腿数:3 只羊,每只 4 条腿,共 3×4=12 条腿。
>
> 3. 计算总腿数:10+12=22 条腿。
>
> ✅ 答案:22 条腿。

示例 2. 逻辑推理

> **✧ 低引导力提示词(没有使用链式思维)**
>
> 小明比小张高,小张比小李高。那么谁最高?

> **✧ 低引导力提示词运行结果**
>
> 小明最高。

⚛ 分析中……

1. 低引导力提示词没有链式思维,AI 可能直接给出答案,但不解释推理过程。

2. 高引导力提示词需使用链式思维,可以让 AI 显示出完整的推理链,提高可信度。

> **⚙ 高引导力提示词**
>
> 小明比小张高,小张比小李高。请逐步推理出谁最高,并说明推理过程。

◆ AI 逐步推理：

1. 已知：小明 > 小张，小张 > 小李。

2. 结论：由于小明比小张高，而小张又比小李高，因此小明最高。

✅ 答案：小明最高。

示例 3. 因果推理

✧ **低引导力提示词（没有使用链式思维）**

为什么全球变暖会导致海平面上升？

✧ **低引导力提示词运行结果**

全球变暖导致冰川融化，因此海平面上升。

⊗ **分析中……**

1. 低引导力提示词没有链式思维，AI 只给出简短答案，缺乏深度。

2. 高引导力提示词的链式思维可以让 AI 详细拆解逻辑，增强答案的可信度和可读性。

⁂ **高引导力提示词**

请逐步解释全球变暖如何导致海平面上升，并分析其中的科学原理。

◆ AI 逐步推理：

1. 全球变暖导致气温上升→由于温度升高，极地冰川和冰盖开始融化。

2. 冰川融化导致更多水进入海洋→额外的水量导致海平面上升。

3. 海水受热膨胀→水分子在高温下膨胀，进一步增加海平面。

4. 综合影响→冰川融化 + 海水膨胀 = 海平面持续上升。

✅ 答案：由于冰川融化和热膨胀效应，全球变暖导致海平面上升。

示例 4. 商业决策

✧ **低引导力提示词（没有使用链式思维）**

如果一家公司希望增加市场份额，应该怎么做？

✧ **低引导力提示词运行结果**

该公司应该提高产品质量，增加市场营销，降低价格。

❈ **分析中……**

1. 低引导力提示词没有链式思维，AI 可能只给出几条建议，缺乏分析。
2. 高引导力提示词的链式思维可以让 AI 分析→细化策略→形成方案，提升内容质量。

❈ **高引导力提示词**

请从市场分析、竞争策略和消费者行为的角度，逐步分析如何增加市场份额，并提供具体建议。

◆ AI 逐步推理：

1. 市场分析
   - 识别目标客户群体，研究市场需求。
   - 竞争对手分析，找出市场空白点。

2. 产品优化
   - 提高产品质量，增加独特卖点。
   - 通过客户反馈优化产品。

3. 营销推广
   - 增加社交媒体推广，提高品牌认知度。
   - 进行精准广告投放，提高转化率。

4. 定价策略
   - 根据市场定位进行价格调整，制定促销活动。

> 5. 综合实施
>
>   ·结合多方面策略，优化市场增长计划。
>
>   ☑ 答案：企业可以通过市场分析、产品优化、营销推广和定价策略相结合，提高市场份额。

总之，链式思维让 AI 通过逐步推理，生成更准确、更可靠的答案。它适用于数学推理、逻辑分析、因果关系、商业决策等复杂任务。使用链式思维可以降低 AI 的错误率，提高答案的可信度和条理性。

3.3.4 设定检查和验证步骤

在多步推理任务中，AI 可能犯逻辑错误，因此我们可以要求 AI 进行自检或复核，以提高准确性。

> ✧ **低引导力提示词**
>
>   请计算 78×42 的结果。

> ⊗ **分析中……**

AI 可能直接给出答案，但如果计算错误，用户无法发现。我们可以从以下这几个方面优化：让 AI 多次计算，降低出错概率；采用不同计算方法进行交叉验证，提高准确性。

> ✾ **高引导力提示词**
>
>   请计算 78×42 的结果，并按照以下步骤验证你的计算是否正确：
>
>   1. 第一步：先计算 78×40。
>   2. 第二步：再计算 78×2。
>   3. 第三步：将两者相加，得出最终答案。
>   4. 第四步：使用另一种方法（如分解 78=70+8）再次验证你的答案。

3.3.5 提供示例或框架

示例

在多步推理任务中,提供一个示例或框架可以帮助 AI 生成更规范的答案。

> **低引导力提示词**
>
> 请分析一个成功创业公司的商业模式。

分析中……

1. AI 可能写得太笼统,缺乏实际案例。
2. 结果可能偏离用户想要的深度。

我们可以从以下这几个方面优化:

- 设定框架,确保 AI 生成的内容结构合理。
- 提供示例,帮助 AI 理解期望的输出风格。

> **高引导力提示词**
>
> 请分析一个成功创业公司的商业模式,按照以下框架进行:
>
> 1. 公司名称:XXX
>
> 2. 行业:科技 / 零售 / 金融等
>
> 3. 核心商业模式(如何盈利?)
>
> 4. 市场优势(与竞争对手相比的独特之处)
>
> 5. 挑战与未来发展

总结

优化技巧	描述	示例改进点
明确任务目标	让 AI 知道具体要做什么	请分析电动车市场趋势,从技术、市场和政策角度切入。
引导逐步思考	让 AI 按步骤解决问题	请按以下步骤计算行驶总距离……

优化技巧	描述	示例改进点
使用链式思维	逐步推理，而不是直接回答	请详细说明你的推理过程。
设定检查步骤	让 AI 自检，减少错误	请用另一种方法验证计算结果。
提供示例或框架	让 AI 参考标准答案	请按特斯拉的案例结构分析另一家公司。

多步推理是 AI 生成高质量答案的关键。通过合理设计提示词，引导 AI 逐步思考、推导、检查和验证，可以极大提升答案的准确性和逻辑性。

3.4 AI 辅助长文创作的分步引导

AI 在生成长篇内容（如论文、报告、小说、商业计划书）时，如果没有明确的分步引导，很容易生成结构混乱、内容浅薄的文章。分步引导是一种通过拆解任务、设定阶段性目标来引导 AI 逐步完成长文创作的方法。

3.4.1 为什么分步引导对长文创作重要？

1. 避免逻辑混乱：AI 可能会生成没有层次的长文，分步引导可以确保内容有清晰结构。

2. 确保内容完整：如果一次性让 AI 生成长文，它可能遗漏关键部分，而分步引导可以逐步补充信息。

3. 提升内容深度：逐步引导可以让 AI 深入展开每个部分，而不是泛泛而谈。

4. 提高可控性：用户可以随时调整内容，确保最终文章符合需求。

在实践中，AI 辅助长文创作有 5 个分步引导策略，分别是设定文章框架、逐步生成章节、细化内容、添加数据、案例和引用以及进行修订与优化。接下来，我们通过示例详细讲解每个步骤。

示例 1. 设定文章框架

> ✧ 低引导力提示词（无框架）
>
> 请写一篇关于人工智能如何改变医疗行业的文章。

> 分析中……

1. AI 可能生成一篇没有清晰结构的文章，重点不明确。
2. 内容可能杂乱无章，缺乏层次。

我们可以从以下这几个方面优化：

1. 文章结构清晰，每个部分的字数和主题都明确。
2. AI 生成的内容更具条理性，不会杂乱无章。

> **高引导力提示词（设定框架）**
>
> 请撰写一篇 3000 字的文章，分析人工智能如何改变医疗行业。请按照以下结构组织内容：
>
> 1. 引言（150—200 字）：介绍 AI 在医疗行业的应用背景和重要性。
> 2. AI 在医疗诊断中的应用（600—800 字）：包括医学影像分析、疾病预测等方面。
> 3. AI 在个性化治疗中的作用（600—800 字）：讨论 AI 如何帮助精准医疗和基因治疗。
> 4. AI 在医疗管理中的应用（600—800 字）：介绍 AI 在医院管理、药物研发中的作用。
> 5. 挑战与未来展望（500—600 字）：分析 AI 在医疗领域面临的挑战及未来趋势。
> 6. 结论（150—200 字）：总结文章内容，提出未来展望。

示例 2. 逐步生成章节

> **低引导力提示词（一次性让 AI 生成整篇文章）**
>
> 请写一篇 3000 字的文章，主题是人工智能在医疗行业的应用。

> 分析中……

1. AI 可能在一轮生成时忽略某些部分，导致内容不完整。
2. 生成的文章可能逻辑混乱，某些部分过于简略。

我们可以从以下这几个方面优化:

1. 文章结构清晰,每个部分的字数和主题都明确。

2. AI生成的内容更具条理性,不会杂乱无章。

> **⚛ 高引导力提示词(逐步生成章节)**
>
> 第一步:请撰写"AI在医疗诊断中的应用"这一部分,字数600—800字,包含医学影像分析、疾病预测、临床辅助决策。请提供具体案例和数据支持。
>
> 我们可以从以下这几个方面优化:
>
> 1. 逐步生成内容,确保每个章节都足够深入。
>
> 2. 用户可以检查和调整每一部分,而不是在最终阶段才发现问题。
>
> ☑ 后续步骤
>
> 第二步:请撰写"AI在个性化治疗中的作用"这一部分,字数600—800字,重点讨论基因分析和精准医疗,并引用权威研究数据。
>
> 第三步:请撰写"AI在医疗管理中的应用"这一部分,字数600—800字,包含医院管理、医疗资源优化、药物研发等内容。
>
> ☑ 最终整合
>
> 请将所有章节整合为完整文章,并优化过渡,使其流畅连贯。

示例3. 细化内容

在每个章节中,我们可以进一步细化,确保AI生成更深入的内容。

> **✧ 低引导力提示词(泛泛而谈)**
>
> 请描述AI在医学影像分析中的作用。

❀ 分析中……

AI可能只给出简要概述,而不会深入讨论关键技术。我们可以从以下这几个方面优化:

1. 提供具体子话题,确保AI生成更详细的内容。

2. 避免AI只写一小段,而是深入展开每个方面。

✂ **高引导力提示词（细化要求）**

请撰写 AI 在医学影像分析中的作用，内容需要包括：

1. 技术介绍（例如深度学习在影像分析中的应用）。
2. 具体案例（例如 AI 在肺癌 CT 诊断中的应用）。
3. 优劣势对比（AI 与传统影像诊断的比较）。
4. 未来发展方向（AI 在医学影像领域的潜在突破）。

示例 4. 添加数据、案例和引用

长文创作往往需要数据支持，以提高可信度。我们可以在提示词中明确要求 AI 添加数据和案例。

✧ **低引导力提示词（没有数据支持）**

请介绍 AI 在医疗管理中的作用。

⊗ **分析中……**

AI 可能给出空泛的回答，而缺乏实际数据支持。我们可以从以下这几个方面优化：

1. AI 需要提供数据支持，而不是只写概述。
2. 文章更具可信度，更适合作为专业材料。

✂ **高引导力提示词（要求数据和案例）**

请撰写 AI 在医疗管理中的应用，字数 600—800 字。请至少引用 2 个数据来源，并提供 1—2 个案例，例如 AI 在医院资源调配或药物研发中的实际应用。

示例 5. 进行修订和优化

AI 生成的初稿可能存在逻辑不流畅、重复或缺乏深度的问题，我们可以用提示词指导 AI 进行优化。

◇ **低引导力提示词（简单要求优化）**

请优化这篇文章，使其更好。

❀ **分析中……**

AI可能不会理解"更好"指的是什么，优化方向不明确。我们可以明确优化的具体方向，使AI知道如何改进内容。

✂ **高引导力提示词（指定优化方向）**

请优化文章，使其更具逻辑性和可读性，具体包括：
1. 增强逻辑衔接，优化段落之间的过渡，使内容更加流畅。
2. 消除冗余，减少重复表达，提高信息密度。
3. 提升专业性，适当使用行业术语和数据支持观点。

总结

步骤	优化策略	示例改进点
1. 设定文章框架	确保文章结构清晰	请按照引言、AI诊断、个性化治疗、医疗管理、挑战、结论的顺序写作。
2. 逐步生成章节	让AI按模块逐步生成	请先撰写"AI在医疗诊断中的应用"部分。
3. 细化内容	指定子话题，提高内容深度	请详细分析AI影像诊断的技术、案例、优劣势和发展趋势。
4. 添加数据和案例	提高文章的权威性	请引用2个数据来源，并提供1—2个案例。
5. 进行修订和优化	让AI进行逻辑优化	请优化文章的逻辑衔接、消除冗余，并提升专业性。

使用分步引导策略，可以让AI逐步完成高质量长文创作。明确结构、逐步生成、细化内容、增加数据、优化修改，可以极大提升AI生成长文的可读性、深度和逻辑性。

第四章
DeepSeek：职场与商业

4.1 职场应用

DeepSeek AI 作为一款先进的人工智能工具，能够在多个领域为企业带来显著价值。它可以大幅提升内容创作效率，如为电商平台生成高质量的产品描述；在数据分析方面，它能快速处理金融数据并生成投资分析报告；在软件开发中，DeepSeek 可以辅助代码编写，缩短开发周期；对于项目管理，它可以自动跟踪任务进度并生成报告；在客户服务领域，DeepSeek 能优化邮件处理流程，提高响应速度。总的来说，DeepSeek AI 通过自动化和智能化手段，帮助企业提高工作效率，降低人力成本，并在多个业务环节中创造价值。

4.1.1 文案写作与内容创作

> 示例

某电商企业使用 DeepSeek AI 生成产品描述，减少了 50% 的内容制作时间，同时提升了用户点击率。

> ✧ 低引导力提示词
>
> 请根据以下产品信息生成高质量的产品描述，突出其核心卖点，并符合 SEO 优化标准。产品信息：[输入产品参数]

🞩 分析中……

1. 产品信息范围模糊:"产品信息"未具体说明内容范畴(如功能、场景、参数、痛点、定位),易导致内容空泛,难以贴合用户需求。

2. SEO 优化标准不明确:虽提及"符合 SEO",但未说明具体维度(如关键词、段落结构、可读性),影响实际应用效果。

3. 输出格式不规范:未明确使用场景(电商、官网、社交媒体),不同平台风格要求不同,影响内容适配度。

> **高引导力提示词**
>
> 请根据以下产品信息生成一篇高质量的产品描述,既能激发用户购买欲望,又符合 SEO 优化标准。请遵循以下要求:
>
> 1. 突出核心卖点——以消费者痛点为出发点,阐述该产品如何解决问题;
>
> 2. 情感化叙述——采用生动的语言,让用户产生共鸣,例如使用用户体验场景、对比方式等;
>
> 3. SEO 优化——自然融入高搜索量关键词,并优化标题和子标题结构,以提高搜索引擎排名;
>
> 4. 行动号召(CTA)——在结尾添加强有力的号召性用语,引导用户购买或了解更多。
>
> 产品信息:[输入产品参数]

注:[输入产品参数] 可以通过文件上传,也可以直接附在提示词后面

4.1.2 数据分析与报表生成

> **示例**

某金融公司使用 DeepSeek AI 处理市场数据,自动生成投资分析报告,提高了分析效率,并减少了人工错误率(Smith,2023)。

✧ 低引导力提示词

请分析以下金融数据,并生成一份市场投资分析报告,包含趋势预测和风险评估。数据:[输入数据]

✿ 分析中······

1. 数据范围和来源不明确:"金融数据"定义宽泛,未指明是股票、债券、加密货币等;未说明数据来源(如雅虎、彭博社、央行),影响可信度与分析准确性。

2. 趋势预测的时间维度未定义:未说明预测周期(短期、中期、长期);未指定预测方法(技术分析、基本面分析等),限制模型选择。

3. 风险评估标准不具体:未定义风险评估维度(如 VaR[风险价值]、夏普比率、波动率、政策风险);未提是否需要对冲策略(如分散投资、期权对冲等)。

4. 目标受众不明确:未说明分析对象(个人、机构、分析师、企业);不同受众关注点不同,影响分析深度与内容侧重。

5. 输出格式未指定:未说明是否需要图表、文本、数据可视化(折线图、回归图等);是否包含摘要、结论、建议或完整市场报告。

✿ 高引导力提示词

请分析以下[具体市场类别,如股市、债市、加密货币]数据,并生成一份市场投资分析报告,确保包含以下内容:

1. 数据来源

    · 数据基于[彭博社/新浪财经/央行统计],涵盖[S&P500、国债收益率、通胀指数]。

2. 趋势预测

    · 预测未来[3个月/6个月/1年]的市场表现。

    · 采用[技术分析/基本面分析],结合[K线、均线、PE、PB]进行评估。

3. 风险评估

    · 计算[市场波动率、VaR、夏普比率]评估投资风险。

- 提供[风险对冲策略，如分散投资、避险资产]。

4. 目标受众

- 针对[个人投资者/机构投资者/企业]，提供[短线/中线/长期]投资建议。

5. 输出格式

- 可视化数据（折线图、柱状图、风险评估图）。
- 市场解读和行动建议（总结趋势、投资策略）。

4.1.3 代码编写与软件开发辅助

示例

某初创公司使用 DeepSeek AI 生成某个需求的 Python 脚本，大幅减少了开发时间。

✧ 低引导力提示词

请根据以下需求生成 Python 代码，要求代码高效且可扩展。需求描述：[输入需求]

⊗ 分析中……

1. 需求描述不明确："需求描述"笼统，未说明代码应用方向（如数据处理、ML、API 等）；缺少输入输出要求、函数封装、类结构、错误处理等细节。

2. 高效标准不清晰：未定义高效的衡量维度（如时间、空间复杂度或并行处理）；不同任务优化方式不同，需明确目标方向。

3. 可扩展定义不具体：未说明扩展方式（如模块化、插件式、面向对象、多线程等），影响代码设计策略。

4. 代码风格未定义：未说明是否遵循规范（如 PEP 8），或使用特定库框架（如 NumPy、Flask、TensorFlow 等）。

5. 输出格式不明确：未说明是否需添加注释、测试用例，或解释设计思路，影响可读性与实用性。

> **✺ 高引导力提示词**
>
> 请根据以下需求生成 Python 代码,确保代码高效且可扩展,并包含以下内容:
>
> 1. 需求类型
>
>   ・[输入需求,如数据处理、应用程序编程接口(API)开发、机器学习]。
>
> 2. 优化标准
>
>   ・时间复杂度不超过 [$O(\log n)$](适用于算法优化)。
>
>   ・采用并行计算/异步 IO 提高执行效率(适用于高并发应用)。
>
> 3. 可扩展性要求
>
>   ・代码应使用面向对象编程(OOP)或模块化设计,便于后续扩展。
>
>   ・允许动态添加功能,支持参数化配置。
>
> 4. 代码风格
>
>   ・遵循 PEP 8 代码规范,并提供类型注解。
>
>   ・代码需包含详细注释,便于理解和维护。
>
> 5. 输出格式
>
>   ・完整代码实现,附带示例输入输出。
>
>   ・单元测试(使用 pytest),确保代码正确性。
>
>   ・优化方案说明,解释代码如何提升效率和扩展性。

4.1.4 项目管理与团队协作

`示例 1`

某软件开发公司利用 AI 自动追踪任务进度,并生成进度报告。

> **✧ 低引导力提示词**
>
> 请根据以下任务列表生成详细的项目进度报告,并预测完成时间。任务列表:[输入任务]

⊗ 分析中……

1. 任务列表的内容不明确："任务列表"未说明包含哪些字段（如名称、工时、依赖、优先级）；不同项目类型（开发、施工、营销）任务特性不同，需限定适用领域。

2. 项目进度报告的标准未定义：未说明报告内容（如任务状态、完成百分比、瓶颈分析），是否需条状图（Gantt chart）、里程碑、关键路径等可视化数据。

3. 完成时间预测的计算方式不清晰：未说明是否基于历史数据、效率、资源等因素；任务依赖关系未定义，影响预测准确性。

4. 输出格式未定义：未指定报告形式（表格、图表、摘要等），也未说明是日报、周报或月报格式。

⋈ 高引导力提示词

请根据以下任务列表生成详细的项目进度报告，并预测预计完成时间。任务列表：[输入任务]

进度报告要求

1. 任务状态分析

   - 任务当前进度（未开始/进行中/已完成）。
   - 进度百分比（如 60% 完成）。
   - 关键阻碍点（可能影响整体进度的任务）。

2. 时间预测方法

   - 计算任务预计完成时间，考虑任务依赖关系。
   - 使用关键路径分析（Critical Path Method，CPM）评估整体工期。
   - 提供可能导致延误的风险因素。

3. 输出格式

   - 表格格式：列出任务状态、预计时长、依赖关系。
   - 进度摘要：简要概述整体项目进展。
   - 可视化图表（如条状图）。

示例 2

某大型企业采用 AI 优化团队沟通，减少了 30% 的会议时间。

> ✧ **低引导力提示词**
>
> 请根据以下会议内容总结关键决策点，并生成行动计划。会议记录：[输入会议内容]

⚛ **分析中……**

1. 会议内容的格式与范围不明确：未说明需提取哪些要素（如要点、决策、分歧、执行人、截止日期）；会议类型（战略、项目、产品、财务等）未指定，影响行动计划制定。

2. 关键决策点的标准不明确：未定义决策点是否包括结论、待执行事项、未决问题；也未说明是否需按优先级或时间维度分类。

3. 行动计划的细节未定义：未明确是否需列出执行人、截止时间、依赖关系；也未说明需表格还是摘要形式。

4. 输出格式未指定：未说明应以表格、摘要或详细方案呈现；是否需图表支持（如时间线、任务进度）也未定义。

> ⁂ **高引导力提示词**
>
> 请根据以下会议内容总结关键决策点并生成行动计划。会议记录：[输入会议内容] 分析要求
>
> 1. 提取关键决策点
>   - 识别涉及预算、资源分配、优先级调整的决策。
>   - 按优先级（高 / 中 / 低）标注决策项。
>   - 记录未决问题及需补充的信息。
> 2. 生成行动计划
>
>   每项行动计划需包含：
>   - 任务名称（简要描述任务内容）；
>   - 负责人（指定执行人）；

- 截止日期（任务完成时间）；
- 依赖关系（任务前置条件）。

3. 输出格式
- 表格格式：列出任务、执行人、时间节点。
- 摘要列表：概述核心决策点和任务分工。
- 可视化时间线（如条状图）。

4.1.5 邮件与商务沟通自动化

示例

某跨国公司采用 DeepSeek AI 优化客户支持邮件处理，减少了 40% 的客服响应时间。

低引导力提示词

请为以下客户问题生成专业且高效的回复邮件。客户问题：[输入客户咨询]

分析中……

1. 邮件的专业性与适用场景未定义："专业且高效"标准主观，未说明语调风格（正式／半正式／友好）及客户类型（B2B、B2C、VIP 等）。

2. 未提供邮件的具体结构：未说明是否需包含问候、解答、附加信息、结尾致意及行动号召（CTA，Call to Action，即"呼吁行动"）。

3. 缺少行业／产品背景信息：未提供所属行业（如 IT、金融、电商等），易导致内容缺乏专业性。

4. 输出格式不明确：未说明是否采用正式邮件格式（如"尊敬的……顺颂时祺"）及段落结构要求（如"问题解答＋解决方案＋建议"）。

高引导力提示词

请为以下客户问题生成专业且高效的回复邮件，确保内容简洁、清晰、符合商务礼仪。

客户问题：[输入客户咨询]

邮件要求

1. 语调风格

・使用正式商务风格，适用于 B2B 客户支持（如 IT、金融、SaaS[Software as a Service，软件运营服务] 行业）。

・若客户表达不满，请加入安抚语句，提高客户满意度。

2. 邮件结构

・问候语（尊敬的 [客户名]，……）

・问题解答（提供明确答案）

・附加信息（如相关资源或补充建议）

・行动号召（鼓励客户进一步沟通）

・结尾致意（顺颂时祺，[公司名]）

3. 输出格式

・完整邮件格式（包括标题、称呼、正文、结尾）。

・提供正式版和友好版两种风格（如适用）。

注：使用 AI 写邮件存在很大的安全隐患。内容应该脱敏

4.2 市场营销与数据分析

4.2.1 数据分析与客户洞察

某汽车品牌使用 AI 分析客户反馈数据，改进产品设计。

> ✧ 低引导力提示词
>
> 请分析以下客户反馈数据，提取主要痛点，并提供优化产品的建议。数据：[输入数据]

> 分析中……

1. 数据范围和来源不明确：未说明客户反馈来源（如社交媒体、调查、评论、客服记录）；数据形式（文本、评分、语音等）未定义，影响处理方式。
2. 痛点定义过于模糊：未具体限定是功能、体验、价格、售后等哪类问题，不同维度将影响优化方向。
3. 缺少具体的优化维度：优化产品范围广泛，未明确优化目标（如提升体验、降退货、增复购）。
4. 未定义输出格式：未说明结果展示形式（表格、摘要、可视化等），也未指明是否需按问题严重程度分类展示。

> 高引导力提示词

请分析来自 [数据来源，如电商平台/客服记录] 的客户反馈数据，提取主要痛点，并提供优化产品的建议。

分析要求

1. 数据来源：来自 [具体平台] 的客户评论 / 用户调查 / 社交媒体反馈。
2. 痛点分类：按功能、用户体验、价格、售后服务分类提取主要痛点。
3. 优化目标：优化方向侧重于提升用户体验 / 减少投诉率 / 提高复购率。
4. 输出格式：请以表格 + 文字摘要形式呈现，重点展示高频痛点。
5. 附加分析（可选）：
   - 结合情感分析提取负面反馈中的关键问题。
   - 对比过去 6 个月的数据，分析痛点变化趋势。
   - 参考行业基准，对比本产品的表现。

4.2.2 市场预测与趋势分析

> 示例 1

某零售公司利用 AI 预测消费者需求，优化库存管理，减少了 30% 的库存成本。

> ✧ **低引导力提示词**
>
> 请分析以下销售数据,预测未来季度的市场趋势,并提供库存管理优化建议。数据:[输入数据]

❃ **分析中……**

1. 数据范围不明确:未说明销售数据的时间跨度(如半年、两年)及来源(线上、线下、B2B),影响分析基础。

2. 市场趋势预测方法不清晰:未指定使用的预测方法(时间序列、回归模型、季节性模型等)及趋势维度(如销售增长、品类变化)。

3. 库存管理优化方向缺乏细节:未说明优化内容(如安全库存、补货周期、滞销清理)及目标(如降低缺货率、提升周转率)。

4. 输出格式不明确:未说明是否以数据表、报告或策略方案呈现,是否需图表支持(如折线图、热力图等)。

> ❋ **高引导力提示词**
>
> 请分析过去 12 个月的销售数据,预测未来季度的市场趋势,并提供库存管理优化建议。
>
> 分析要求
>
> 1. 数据类型
>
>   · 包含销售额、产品分类、渠道分布(线上/线下)、地区销量。
>
> 2. 市场趋势预测
>
>   · 使用时间序列分析 + 回归模型,预测未来季度销售增长率、季节性需求变化。
>
> 3. 库存管理优化
>
>   · 优化库存周转率,减少滞销产品。
>
>   · 调整补货周期,降低缺货率。
>
>   · 结合行业对比,优化库存水平。
>
> 4. 输出格式
>
>   · 数据可视化(趋势折线图、库存优化图)。

- 库存管理策略报告（包含优化建议、实施步骤）。

5. 附加分析（可选）

- 结合宏观经济、竞争对手库存策略，提升预测精度。
- 评估 AI 库存优化模型的适用性。

示例 2

某科技企业使用 AI 分析全球市场趋势，制定产品研发计划。

✧ 低引导力提示词

请分析以下市场数据，并提供关于新产品研发的趋势分析报告。数据：[输入数据]

❈ 分析中……

1. 市场数据范围模糊：市场数据可能涉及行业动态、消费者行为、竞争对手分析、专利技术等。需要明确数据来源（如电商销售数据、市场调研报告、社交媒体趋势）。

2. 新产品研发趋势定义不清：可能涉及技术趋势、用户需求趋势、供应链趋势等不同角度。需要明确是短期趋势（如近 6 个月市场反馈）还是长期趋势（如 5 年行业发展）。

3. 缺乏具体分析方法：是否基于数据统计（如销售增长率、用户购买偏好）？是否结合 AI 预测（如机器学习分析未来需求）？是否依赖行业报告（如高德纳、IDC、麦肯锡的市场预测）？

4. 缺少输出要求：是否需要数据可视化，如市场份额变化折线图、产品类别热度图？是否需要趋势排名，如最受欢迎的 3 大产品概念？是否提供竞争对手分析，如竞品研发方向和市场表现？

❈ 高引导力提示词

请分析 2023 年一至四季度的电子消费品市场数据，并生成新产品研发趋势分析报告，包括技术趋势、消费者需求变化和行业竞争趋势。

一、输入要求

1. 数据来源

   • 电商平台销售数据、市场调研报告、社交媒体趋势。

2. 数据字段

   • 产品类别

   • 销量增长率

   • 主要购买人群（年龄、地区）

   • 竞品分析

二、分析内容

1. 市场趋势

   • 消费者需求变化（如高需求产品类别）

   • 技术发展趋势（如 AI、5G、可穿戴设备）

   • 竞争格局（主要品牌市场份额、增长率）

2. 分析方法

   • 基于市场调研数据 + 机器学习预测未来 2 年趋势

   • 使用数据可视化展示市场变化（如热力图、折线图）

3. 输出要求

   • 未来 2 年最具潜力的 3 个产品概念

   • 研发方向建议（如结合用户需求的创新点）

   • 竞争对手分析（竞品技术路线对比）

4.2.3 客户关系管理与维护

 示例

某保险公司利用 AI 提高客户留存率，使客户满意度提升了 15%。

> ✧ **低引导力提示词**
>
> 请分析以下客户互动数据，并提供客户关系管理优化策略。数据：[输入数据]

分析中……

1. 数据范围不明确：没有说明客户互动数据的时间范围（如过去 6 个月或最近 1 年）。互动数据的来源不清晰（如社交媒体、邮件、客服对话、在线评论）。

2. 客户关系管理（CRM）优化目标不清晰：CRM 优化可以涵盖多个方面，如客户保留、提高复购率、优化客户体验，但未明确优化方向。没有指明分析的核心 KPI（如客户流失率、NPS 评分、平均响应时间）。

3. 策略输出形式缺乏定义：需要明确输出是否为具体行动方案、自动化营销策略，或个性化客户分层管理方案。是否需要数据可视化支持，如客户流失趋势图、互动热力图等。

高引导力提示词

请分析过去 12 个月的客户互动数据，并提供客户关系管理（CRM）优化策略。

分析要求

1. 数据来源
   - 包含社交媒体互动、邮件沟通、客服记录、客户反馈等渠道。

2. 分析目标
   - 识别客户流失原因，提供流失率降低方案。
   - 评估客户忠诚度，优化个性化推荐策略。
   - 分析客服响应效率，提升自动化客户支持方案。

3. 优化建议
   - 提供分层客户管理策略（VIP 客户、普通客户、新客户）。
   - 结合 AI 情感分析，优化沟通方式。
   - 设计 A/B 测试方案，评估 CRM 优化效果。

4. 输出格式
   - 客户互动数据可视化报告（如客户满意度趋势图）。
   - CRM 优化方案（行动计划 + 执行步骤）。

4.3 金融与法律领域的智能创新

4.3.1 金融投资决策支持

示例

某对冲基金使用 DeepSeek AI 优化交易策略,使投资回报率提高了 8%。

低引导力提示词

> 请基于以下股票市场数据提供投资策略建议,包括风险管理方案。数据:[输入数据]

分析中……

1. 数据范围不明确:未指定股票市场数据的时间跨度(如过去 6 个月、1 年或 10 年)。没有说明数据来源(如沪深 300、美股 S&P500、纳斯达克、道琼斯)。

2. 投资策略目标不清晰:投资策略可以包括短线交易、长线投资、价值投资、量化交易等,但未指明具体侧重点。风险管理方案可能涉及止损策略、资金管理、资产配置,但没有具体要求。

3. 输出格式不明确:需要明确是生成一份投资分析报告,还是提供交易执行策略,是否包含数据可视化(如趋势预测、回测结果图表)。

高引导力提示词

> 请基于过去 1 年的股票市场数据,提供投资策略建议,包括短线交易和长期投资两种方案,并结合风险管理方案优化资产配置。
>
> 分析要求
>
> 1. 数据来源
>
>   ·涵盖美股(S&P500、纳斯达克)、A 股(沪深 300)、ETF 市场等。

2. 投资策略

- 短线交易：基于技术指标分析（如 MACD、RSI、布林带），提供入场和出场策略。
- 长期投资：结合价值投资分析（如 PE、PB、ROE），推荐稳健持仓方案。

3. 风险管理

- 设定止损止盈机制，降低回撤风险。
- 采用资产分配策略（如股债平衡、行业轮动）。
- 提供情景分析（如市场大跌、通胀上升情况下的投资应对）。

4. 输出格式

- 投资分析报告（PDF/Markdown），包含市场趋势预测和策略推荐。
- 数据可视化（如收益曲线、回测结果）。

示例 2

某银行采用 AI 辅助风控决策，降低了贷款违约率。

✧ 低引导力提示词

请分析以下贷款申请数据，并评估潜在违约风险。数据：[输入数据]

❀ 分析中……

1. 数据范围不明确：未指定数据的时间跨度（如最近 1 年、过去 5 年、10 年历史数据）。没有说明数据来源（如银行贷款、P2P 借贷、信用卡欠款）。

2. 违约风险评估标准不清晰：违约风险的衡量方式不明确（如信用评分、收入－负债比率、逾期还款次数）。是否使用机器学习模型（如逻辑回归、随机森林、XGBoost）进行评估？是否提供行业基准对比，如不同信用等级的违约率？

3. 输出格式不明确：需要生成风险分析报告，还是提供数据可视化？是否需要个性化风险评分（如高、中、低风险用户分类）？

> **⚙ 高引导力提示词**
>
> 请基于过去 3 年的贷款申请数据,评估潜在违约风险,并生成风险分析报告。
>
> 分析要求
>
> 1. 数据来源
>
>   ・涵盖银行贷款、信用卡账单、P2P 借贷数据。
>
> 2. 风险评估指标
>
>   ・信用评分(如 FICO/ 芝麻信用)。
>
>   ・还款记录(逾期次数、最长逾期天数)。
>
>   ・收入 vs 负债比率(DTI)。
>
>   ・贷款金额与还款能力匹配度。
>
> 3. 预测方法
>
>   ・使用逻辑回归 + 随机森林模型评估违约概率。
>
>   ・结合宏观经济数据(如市场利率、CPI)进行调整。
>
> 4. 输出格式
>
>   ・贷款违约风险评估报告(PDF/Markdown),包含详细数据分析。
>
>   ・数据可视化(如违约风险分布图、信用评分与违约率关系曲线)。
>
>   ・风险分级(高风险 / 中风险 / 低风险用户)。

4.3.2 法律咨询与合同审核

示例

某律师事务所使用 AI 审核商业合同,提高了 60% 的工作效率,同时减少了人为错误。

> **✧ 低引导力提示词**
>
> 请审核以下合同文本,识别潜在法律风险,并提供优化建议。合同文本:[输入合同]

> 分析中……

1. 合同类型不明确：未说明合同的具体类别（如劳动合同、商业合同、服务协议、租赁合同）。不同合同类型的法律风险点不同，需要针对性分析。

2. 法律风险的定义不清晰：需要明确审核哪些方面的法律风险（如条款公平性、责任分配、违约处理、法律合规性）。是否涉及国际合同，如果是，需考虑适用法律与司法管辖权问题。

3. 优化建议的标准不具体：未说明是否需要提供替代性合同条款。是否基于特定国家/地区法律（如中国合同法、美国商法）。

4. 输出格式不明确：需要审核全文，还是仅提取关键风险点？是否需要标注具体风险条款并给出修改建议？是否要求提供法律条款参考或案例支持？

高引导力提示词

请审核以下 [合同类型] 文本，基于 [国家/地区法律]，识别潜在法律风险，并提供优化建议。

审核重点

1. 合同类型

   - 明确适用范围（如商业合同、雇佣合同、租赁协议）。

2. 法律风险类别

   - 条款公平性（是否存在单方面不公平条款）。

   - 责任分配（是否清晰界定各方责任、赔偿范围）。

   - 违约处理（是否包含明确的违约责任条款）。

   - 法律合规性（是否符合相关法律法规）。

3. 优化建议

   - 标注存在法律风险的合同条款。

   - 提供优化方案（如替代性条款建议）。

   - 参考法律依据（如引用具体法条或案例）。

4. 输出格式

   - 法律风险分析报告（PDF/Markdown），列出风险点+优化建议。

   - 合同修订示例，提供优化后合同条款。

4.3.3 风险评估与合规管理

> **示例 1**

某银行利用 AI 检测欺诈交易，使欺诈检测准确率提升了 35%。

> ✧ **低引导力提示词**
>
> 请分析以下交易数据，并识别可能的欺诈行为。数据：[输入数据]

> ⚛ **分析中……**

1. 欺诈行为的定义不明确：交易欺诈的类型多种多样，如信用卡欺诈、账户接管、洗钱、异常交易模式等。需要具体化欺诈类别，否则可能导致分析结果过于宽泛或不够精准。
2. 缺乏分析方法或指标：需要明确采用何种检测方法，如规则检测（如频繁交易、金额异常）、机器学习（如随机森林、深度学习）或统计分析（如 Z-score、IQR 分析）。是否需要提供可解释性分析（如异常交易示例）。
3. 数据格式未说明：数据输入格式未定义，可能影响可行性（如 CSV、JSON、SQL 数据库）。需要说明数据字段，如交易时间、交易金额、用户 ID、交易 IP 地址等。
4. 输出要求不明确：是否需要可视化图表（如欺诈交易分布、趋势分析）；是否需要提供具体的可疑交易列表或欺诈评分；是否需要建议反欺诈策略（如风控规则调整、交易限制措施）。

> ⚛ **高引导力提示词**
>
> 请分析以下交易数据，识别可能的欺诈行为，并提供可视化分析和优化建议。
>
> 一、输入要求
>
> 数据格式为 CSV 格式，包含以下字段：
>
> ・交易时间
>
> ・交易金额

- 用户 ID
- 交易 IP 地址
- 交易设备

二、分析内容

1. 欺诈行为识别
   - 信用卡欺诈（如异常大额消费、频繁交易失败）。
   - 账户接管（如异常登录地点、短时间高频交易）。
   - 洗钱行为（如小额多笔交易、高频低金额交易）。

2. 分析方法
   - 统计方法（如 Z-score、IQR 分析）。
   - 机器学习模型（如随机森林、SVM、深度学习）。
   - 规则检测（如黑名单匹配、异常交易比对）。

3. 输出要求
   - 可疑交易列表（包括交易 ID、金额、风险评分）。
   - 可视化分析（如异常交易分布图、欺诈趋势分析）。
   - 优化建议（如风控调整、实施双因素认证）。

示例 2

某保险公司使用 AI 评估投保人风险，提高了风险预测的准确性。

✧ 低引导力提示词

请评估以下投保人数据，并提供风险分析报告。数据：[输入数据]

⊗ 分析中……

1. "风险分析"范围不明确：保险风险可涉及健康风险、财务稳定性、职业风险、地区风险等。需明确评估重点，如"健康保险"评估慢性病风险，或"车险"评估驾驶行为。

2. 缺乏具体分析方法：是否基于历史数据回归分析？是否使用机器学习预

测模型(如逻辑回归、决策树)?是否采用传统保险精算模型(如发病率表格)?

3. 数据格式未说明:需提供数据字段示例(如投保人年龄、职业、既往病史、索赔记录)。需说明数据类型(如 CSV、JSON、SQL 数据库)。

4. 输出要求不明确:需要生成风险评分(如高、中、低风险划分)?是否提供可视化图表(如风险分布直方图)?是否需要优化保险方案建议(如保费调整、风险缓解措施)?

高引导力提示词

请评估以下投保人数据,并生成一份健康保险风险分析报告,包括风险等级划分、可视化分析和优化建议。

一、输入要求

数据格式为 CSV 格式,包含以下字段:

- 年龄
- 职业
- 既往病史
- 家庭病史
- 索赔记录

二、分析内容

1. 风险评估

- 计算个体健康风险评分(基于年龄、病史、索赔记录等)。
- 识别高风险群体(如有糖尿病、心脏病史的投保人)。

2. 分析方法

- 传统保险精算模型(如死亡率表、索赔概率模型)。
- 机器学习预测(如随机森林、逻辑回归)。

3. 输出要求

- 投保人风险评级(高、中、低)。
- 可视化分析(如风险分布图、年龄 vs 赔付率趋势)。
- 优化建议(如针对高风险人群的保费调整策略)。

第五章
DeepSeek：个人教育与个人职业发展

在个人教育与职业发展领域，人工智能正发挥着举足轻重的作用，它助力学习者和职场人士高效汲取知识、优化学习路径、提升专业技能，并量身定制个性化的发展规划。以下是一系列针对不同应用场景的示例提示词，这些提示词可广泛应用于 DeepSeek、ChatGPT、Claude、Gemini、文心一言等 AI 工具中，帮助个人更精确地获取学习与职业发展的宝贵建议。

5.1 个性化学习助手

5.1.1 个性化学习建议与学习规划

AI 可分析用户的学习背景，结合知识图谱推荐合适的学习路径，并提供动态调整的计划，确保学习者逐步提升。

示例

> **✧ 低引导力提示词**
>
> 我是一个高二学生，数学成绩一般，想在3个月内提高分数，请根据我的薄弱点（如函数、数列）制定一个每日学习计划，并推荐相关的练习题和视频资源。

⊗ 分析中……

1. 需明确学习目标：提示词未明确分数目标，如提高到80分还是90分；未说明考试类型（学校考试？高考？竞赛？）；未提及当前数学水平（成绩"一般"太模糊）。

2. 应细化学习计划的结构：AI可能仅给出大纲式学习计划，但未定义每日学习安排；未考虑学习进度调整（如先基础再进阶）；未提供测评机制（如何检查学习效果）。

3. 应适配不同学习风格：不同学生适合不同学习方式（视觉型、逻辑型、实操型）；AI可能默认给出通用建议，但未适配个人学习风格。

4. 需提供训练题目与资源推荐：提示词只提到"练习题"，但未说明难度等级；未提及题目来源（如真题 vs 竞赛题 vs 教材习题）；未区分题型（选择题 vs 解答题 vs 证明题）。

5. 应设有可视化进度追踪：AI可能生成文本化的学习计划，但缺少可视化学习进度；未提供进度追踪方式（如每日打卡、错误率分析）。

6. 需考虑AI适用性与局限性：AI仅提供建议，但不能替代真实教师；未提醒学生调整学习节奏（如避免过度学习）。

> **⚝ 高引导力提示词**
>
> 我是高二学生，目前数学成绩65分，目标3个月内提升至85分，请制定每日数学学习计划，确保：
>
> 1. 基于考试类型（高考／校考）优化学习安排。
> 2. 细化每日学习任务（函数、数列等）。
> 3. 适配不同学习风格（视觉型／逻辑型／实践型）。

4. 推荐具体练习题（基础、中等、难题，并提供视频解析）。

5. 输出可视化进度表（错误率变化、每日学习时长）。

6. 包含 AI 适用性说明（学习节奏调整建议）。

5.1.2 AI 辅助备考与问题解答

AI 可提供基于大模型训练的数据支持，对考试重点进行预测，并通过自动批改功能提升答题技巧。

示例

> ✧ **低引导力提示词**
>
> 我正在准备雅思考试，目标是提高写作分数，请提供 10 个高频雅思作文题目，并帮我改写一篇高分范文。

分析中……

1. 需明确目标分数和当前水平：仅提"提高写作分数"，未说明目标（如 6.5 提升至 7.5）；AI 需基于当前水平制定策略（语法、逻辑、词汇等）；未区分 Task 1 还是 Task 2，影响针对性。

2. 应细化高频雅思作文题目的来源：未指定题目来源（如剑桥题库、考官预测），AI 可能生成过时或冷门题，降低实用性。

3. 可以让 AI 识别并改进作文的具体问题：仅要求改写范文，未要求分析原文问题；AI 可能仅换词，缺乏结构、逻辑等深度优化。

4. 需提供结构化写作改进方案：未要求写作提升策略，AI 仅给出通用建议，缺少个性化改进方法。

5. 应提供个性化学习资源：仅给作文题和范文，未推荐练习网站、批改工具等资源；未结合考生需求定制学习路径。

> **⚛ 高引导力提示词**
>
> 我正在准备雅思写作，当前写作分数 6.0—6.5，目标提高到 7.5，请提供：
>
> 1. 近 3 年雅思高频考题（Task 1 和 Task 2，各 5 个），确保题目来源可靠（剑桥题库）。
> 2. Task2 高分范文改写（优化逻辑、词汇、句式），并解释修改思路。
> 3. 提供高分写作模板（如 Cohesion，Coherence，Lexical Resource）。
> 4. 推荐在线练习工具（如 IELTS Liz，Grammarly，Write&Improve）。
> 5. 提供自测策略（如何用 AI 批改作文，提高表达能力）。

5.1.3 智能课件与学习材料生成

AI 可以根据输入材料快速生成学习资料，减少人工整理时间，提高学习效率。

示例

> **✧ 低引导力提示词**
>
> 请帮我生成一份关于"深度学习基础"的 PPT 课件，包括概念介绍、关键算法（如 CNN、RNN）、应用案例，以及 10 道复习题。

⚛ 分析中……

1. 需明确课件的受众：未指定目标群体，易致内容偏基础或过专业；深度学习受众多样（初学者、学生、工程师、研究员），需匹配内容深度与讲解方式。

2. 应细化课件的结构与内容：仅列大纲，未说明算法细节（如 CNN 卷积、RNN 梯度问题）、应用案例是否含代码、复习题类型（选择、填空、编程等）。

3. 可以规范 PPT 格式，提高可读性：生成内容可能偏文本，缺乏图表、流程图、代码示例，影响教学效果；复习题未按考试形式设计，难检验学习效果。

4. 需增加实际应用，提升实践性：缺少实操内容，难满足工程师等应用需求；未要求提供代码示例、工具指导，影响实用性。

5. 需说明 AI 适用性与局限性：PPT 可能缺权威依据，内容不够严谨；未要求学习路线，学习者难以把握学习顺序。

> **⚙ 高引导力提示词**
>
> 请生成一份关于"深度学习基础"的 PPT 课件，适用于人工智能初学者，要求：
>
> 1. 内容结构清晰
>   - 深度学习概念介绍（与机器学习的区别）。
>   - 关键算法讲解（CNN 计算流程、RNN 结构）。
>   - 实际应用案例（计算机视觉、NLP）。
>   - 10 道复习题（选择、填空、编程）。
>
> 2. 优化 PPT 视觉效果
>   - 每页不超过 50 字，降低文本密度。
>   - 使用图表（如 CNN 计算示意图、RNN 结构图）。
>   - 代码示例（PyTorch/TensorFlow/CNN 实现）。
>
> 3. 提高实操性
>   - 提供 GitHub 代码示例和开源项目推荐。
>   - 详细讲解如何训练一个 CNN 模型。
>
> 4. 权威性
>   - 参考伊恩·古德费洛《深度学习》、MIT 公开课。
>   - 提供学习路径建议（如先学数学→机器学习→深度学习）。
>
> 5. 提醒用户 AI 生成内容可能不完全准确，建议核对参考资料。

5.2 职业规划与技能提升

5.2.1 职业发展与能力评估

AI 可结合市场数据,为个人提供精准的职业规划建议,帮助用户提升竞争力。

示例

> **◇ 低引导力提示词**
>
> 我目前有 3 年 Java 开发经验,熟悉 Spring Boot 和 MySQL,想转向大数据领域,请分析我的职业发展路径,并推荐需要学习的核心技能。

⊗ 分析中……

1. 需明确大数据方向与职业目标:大数据领域涵盖广,需明确具体方向(如数据工程、分析、科学等);未说明转行目标职位,易致技能推荐不准;缺乏技术栈要求,如是否涉及 Hadoop、流处理等。

2. 应指定学习路径与技术栈:AI 可能仅给出泛泛建议,缺少进阶路线;未说明已有技能如何迁移(如 Java 与大数据结合);未涵盖核心技术栈(如 HDFS、Kafka、Spark 等);未提及实践项目,理论学习不足。

3. 可以提供适用的学习资源:提示词未要求具体学习资源(课程、书籍、开源项目等);AI 可能推荐过时或低质量内容,建议指定资源权威性与时效性;缺乏认证信息(如 Cloudera、Databricks)。

4. 需适配市场需求与求职建议:AI 可能未结合市场需求,学习方向或脱节;缺少求职策略(如简历优化、项目展示);未区分不同岗位技能要求(如数据工程师 vs 数据分析师)。

5. 需增加 AI 适用性说明:AI 可能推荐不适用内容,应提醒结合自身调整;未说明 AI 仅为建议工具,不替代职业规划师,避免盲目跟从。

> **⚛ 高引导力提示词**
>
> 我有 3 年 Java 开发经验，熟悉 Spring Boot 和 MySQL，希望转型为大数据工程师。请分析我的职业发展路径，并且：
>
> 1. 推荐核心技能学习路径（分为基础、进阶、高级）。
> 2. 提供学习资源（书籍、课程、官方文档）。
> 3. 结合市场需求（2024 年企业招聘的大数据技能要求）。
> 4. 提供求职优化建议（简历优化、个人项目推荐）。
> 5. 提醒 AI 适用性（学习计划需结合个人需求调整）。

5.2.2 持续学习与个人技能管理

AI 可根据用户需求推荐学习资源，并生成个性化的学习管理方案。

示例

> **✧ 低引导力提示词**
>
> 请为一名市场营销经理制定一个年度持续学习计划，包括推荐的书籍、在线课程和行业大会。

** 分析中……**

1. 需明确市场营销的细分领域：市场营销领域宽泛，包含品牌营销、数字营销等多个方面，需明确学习重点。因市场营销经理职业方向不同，如 B2B 与 B2C、产品营销与绩效营销，所需技能各异。故需设定学习目标，如提升数据驱动能力、强化品牌管理、优化广告投放策略。

2. 应适配不同学习风格与时间安排：AI 可能推荐过多或不符合实际情况的学习内容，如一天 5 小时的课程对职场人士不现实；不同营销经理的学习习惯不同，有些更偏好书籍学习，有些则更适合短视频课程、播客、行业文章。

3. 需确保学习内容的实用性与权威性：AI 可能推荐过时的书籍或课程（如 2015 年的营销课程不再适用）；不同地区的市场营销趋势不同，如欧美 vs 亚洲市场，需要适配学习内容。需要强调学习内容的实操性，如案例分析、真实项目实践。

4.应增加行业人脉与职业发展建议：学习不仅仅是知识积累，还包括行业交流、社群互动、职业发展；AI可能忽略行业社群、营销论坛、网络研讨会，这些对于市场营销经理至关重要。

5.需提供AI适用性说明：AI可能会推荐不符合个人职业发展需求的课程，需要用户筛选。需要提醒用户结合自身兴趣、公司需求、市场趋势调整学习计划。

> **高引导力提示词**
>
> 请为一名市场营销经理制定一个年度持续学习计划，确保：
>
> 1.适配细分领域（如数字营销、品牌营销、增长营销）。
>
> 2.推荐最新、权威的学习资源（书籍、在线课程、行业大会）。
>
> 3.适配时间管理（每周5小时的学习安排）。
>
> 4.提供实践性学习方式（案例分析、真实项目实践）。
>
> 5.建议加入行业社群与论坛
>
> 6.提供职业发展建议（市场营销经理→市场总监）。
>
> 7.AI适用性说明（学习路径需结合个人需求调整）。

5.2.3 培训与在线课程推荐

AI可通过数据分析找到最适合的学习资源，提高学习效率。

示例

> **低引导力提示词**
>
> 我想学习数据分析，目标是6个月内能独立完成一个Python数据分析项目，请推荐合适的在线课程，并按难度排序。

分析中……

1.需明确学习路径的详细要求：目标"6个月内独立完成一个Python数据

分析项目"，但未说明项目的复杂度（如基础数据处理 vs 机器学习）；需要 AI 识别适合的数据分析方向（如商业数据分析、市场分析、金融数据分析）；"在线课程"来源不明确，AI 可能推荐范围过于广泛或不适合初学者。

2. 应增强学习计划的可操作性：AI 可能仅推荐一系列课程，而没有分阶段学习规划，使学习过程缺乏清晰结构；需要一个具体的时间表，确保 6 个月内能够从零到独立完成项目；需要提供练习项目，否则学习过程可能缺乏实践环节。

3. 需给出指令，让 AI 结合工具提升学习效率：AI 可能仅列出在线课程，而忽略现代数据分析的 AI 工具和自动化工具；需要让 AI 推荐如何结合 AI 提高学习效率（如用 ChatGPT 生成代码解释）。需要推荐数据分析必备工具（如 Jupyter Notebook、Tableau）。

4. 应生成可视化学习进度：AI 可能仅列出列表，而未提供学习进度的可视化方式。需要要求 AI 生成学习计划表，帮助用户清晰了解进度。需要数据分析实践任务清单，确保学习过程有具体目标。

5. 需增加 AI 适用性说明：AI 可能推荐的学习路径并不适合所有用户，特别是如果用户没有 Python 基础。需要让 AI 提供不同学习路径，以适应不同水平的人群。

> **❈ 高引导力提示词**
>
> 　　我想在 6 个月内掌握 Python 数据分析，并能独立完成一个项目，请提供详细学习计划，确保：
>
> 　　1. 推荐在线课程（Coursera、Udemy、Kaggle）并按难度排序。
>
> 　　2. 提供 6 个月学习路径（如"第 1 个月掌握 Pandas，第 3 个月学习可视化"）。
>
> 　　3. 结合 AI 工具辅助学习（如 ChatGPT 解析代码、Kaggle 实战）。
>
> 　　4. 生成可视化学习计划表（时间轴、思维导图）。
>
> 　　5. 推荐实践项目（如市场分析、机器学习入门）。
>
> 　　6. 针对不同背景提供学习路径（零基础 vs 有编程经验）。
>
> 　　7. 包含 AI 适用性说明（需结合个人需求调整）。

5.2.4 职场竞争力提升策略

AI 可优化求职材料，提供面试模拟，并为职场人士提供职业发展建议。

示例

> ✧ **低引导力提示词**
>
> 请帮我优化这封求职信，使其更加吸引招聘官的注意，目标职位是数据科学家。

> ⚛ **分析中……**
>
> 1. 应明确优化方向：原始提示词没有说明求职信需要在哪些方面优化，如语言表达、逻辑结构、个人成就的突出、针对公司和职位的定制化。AI 可能会泛泛地优化语言，而不会深入调整内容，使其更符合招聘官的期待。
>
> 2. 需增加个性化调整：许多求职信模板较为通用，但针对不同公司、行业的调整才是关键。AI 可能会生成一个标准化版本，而不是专门针对目标企业的定制内容。
>
> 3. 应强调数据驱动表达：数据科学是一个数据驱动的领域，求职信应尽量量化成就，如：优化数据处理流程，提高分析效率 30%；使用机器学习模型提升预测准确率 20%。如果 AI 只是优化语言，而没有强化量化表达，可能会导致求职信缺乏说服力。
>
> 4. 需提供结构化优化：求职信一般分为：开头（吸引招聘官）、核心能力（展示经验和项目）、个性化匹配（与公司文化契合）、结尾（强调兴趣与行动）。
>
> 5. 应要求 AI 生成多个版本供选择：有时一封求职信无法通用于所有公司，求职者可能想尝试不同风格。AI 可能只会提供一个版本，而不是多种风格的版本。

> ❈ **高引导力提示词**
>
> 请帮我优化这封求职信，使其更吸引招聘官，目标职位是数据科学家，优化方向包括：
>
> 1. 突出数据驱动成就（优化表述，确保成就量化，如"提高 XX% 准

确率")。

2. 匹配目标公司（结合行业特点、公司文化调整内容）。

3. 强化数据科学技能（Python、SQL、机器学习等）。

4. 调整求职信结构（清晰的开头、核心能力、个性化匹配、结尾）。

5. 生成多个风格版本（正式版、技术版、简洁版）。

5.3 AI 驱动的知识管理与智能信息检索

5.3.1 智能知识整理与笔记管理

AI 通过 NLP 技术，可以自动生成笔记、提取关键信息，甚至进行知识关联，帮助学习者更有效地组织学习材料。

示例

> **低引导力提示词**
>
> 请帮我总结这篇文章（附文本），并用思维导图的形式呈现主要观点。

分析中……

1. 需明确思维导图的输出格式：提示词只提到了"思维导图"，但未指定是文本格式、Markdown、图像格式（如 PNG/SVG），可能导致 AI 生成不符合预期的内容。思维导图可能包含层级结构、关键词、分支数目，但提示词没有提供具体要求。

2. 应细化文章摘要的要求："总结"没有指定摘要的字数或信息层次，可能导致 AI 生成过长或过短的内容。不同类型的文章（学术论文、新闻报道、博客）可能需要不同的摘要结构。

3. 需适配不同类型文章：文章可能是学术论文、新闻报道、博客、商业报告，不同类型的信息，组织方式不同。AI 可能无法判断文章类型，导致摘要不符合读者需求。

4.应规范信息提炼方式:AI 可能会遗漏重要细节,或生成偏离原文的总结。没有说明 AI 是否应直接引用原文关键句子,或用自己的语言归纳。

> **高引导力提示词**
>
> 请帮我总结这篇文章(附文本),并优化输出方式。
>
> 1.自动检测文章类型(学术论文/新闻报道/商业报告),并生成200字以内摘要:
>
> ・学术论文:研究方法、数据、结论。
>
> ・新闻报道:事件背景、影响、各方观点。
>
> ・商业报告:市场分析、战略建议。
>
> 2.优先提取原文关键句,确保语义准确性。
>
> 3.生成 Markdown 格式的思维导图(适用于 XMind),包括:
>
> ・中心主题。
>
> ・主要分支(3—5 个)。
>
> ・子分支(每个分支 2—3 个关键点)。
>
> 4.确保摘要精炼,条理清晰,便于快速阅读。

5.3.2 AI 辅助信息检索与快速学习

AI 驱动的信息检索系统可以快速提供精准的学习资料,提高学习和研究的效率。

示例

> **低引导力提示词**
>
> 请帮我搜索并总结最近关于人工智能伦理的研究成果,并提供 3 篇相关论文的链接。

分析中……

1.需明确"最近"的时间范围:"最近"是一个模糊概念,可能指过去 6 个月、1 年或 5 年，这会影响 AI 搜索的结果。学术研究的时效性不同，比如政策法规可能需要最新数据，但伦理理论研究可能有较长的生命周期。

2. 应明确论文来源与获取方式：AI 可能会提供无法访问的论文（如付费论文）。需要明确论文数据库，如：免费获取（arXiv、Google Scholar）、学术期刊（Springer、IEEE、Nature Machine Intelligence）。

3. 需细化研究成果的总结方式：总结可能过于笼统，AI 可能仅提供简单摘要，但用户可能需要研究背景、核心观点、伦理挑战、政策建议等内容。

4. 应避免冗余，确保论文多样性：AI 可能会推荐相似主题的论文，缺乏多样性。不同方向的伦理研究可能包括：算法公平性、隐私保护、AI 透明度、自动化决策的伦理影响。

> **高引导力提示词**
>
> 请帮我搜索并总结过去 1 年（2023—2024）关于人工智能伦理的研究成果，优先选择可免费获取的论文，并提供 3 篇相关论文的链接（Google Scholar、arXiv 或 Springer Open Access）。
>
> 请确保论文主题多样化（如算法公平性、隐私保护、AI 透明度），并用结构化方式总结每篇论文，包括：
>
> 1. 研究背景。
>
> 2. 主要伦理问题。
>
> 3. 研究结论。
>
> 4. 政策或实际影响。
>
> 确保提供的论文具有实际参考价值，并说明是否需要订阅访问。

5.4 AI 在科研与创造力提升中的应用

5.4.1 AI 在学术研究中的应用

AI 在科研领域可用于文献综述、论文润色、数据分析、可视化等，帮助研究者提升研究效率。

> 示例

> ✧ **低引导力提示词**
>
> 请帮我改写以下学术论文摘要，使其更加精炼，并符合 APA 格式。

> ⊗ **分析中……**

1. 需明确改写目标："使其更加精炼"过于模糊，未说明是减少字数还是优化表述。"符合 APA 格式"可能让 AI 误解，仅适用于参考文献而非摘要本身。
2. 应确保摘要符合学术风格：AI 可能简化过度，导致学术性下降。可能遗漏摘要应包含的研究目的、方法、结果、结论这四大要素。
3. 需允许 AI 进行语言优化：AI 可能仅做删减，而不进行语言优化。未指明提升可读性的需求。

> ✦ **高引导力提示词**
>
> 请优化以下学术论文摘要，使其更加精炼（150—250 字），提高可读性，并符合 APA 格式。请确保摘要包含：
>
> 1. 研究目的（简要说明研究问题和背景）。
> 2. 研究方法（概述研究方法、实验或数据分析方式）。
> 3. 主要结果（突出研究的核心发现）。
> 4. 结论（强调研究贡献和意义）。
>
> 请优化句式，避免冗余，使摘要更具逻辑性和流畅性。

5.4.2 AI 在写作与创意工作中的支持

> 示例

> ✧ **低引导力提示词**
>
> 请帮我构思一个关于"元宇宙未来发展"的创新文章大纲，并提供 5 个引人入胜的标题。

> **分析中……**

1. 需明确文章的目标和受众:"创新文章大纲"过于宽泛,未明确文章类型(科普、深度分析、商业应用等)。未说明目标受众(普通读者、行业专家、投资者等),影响大纲结构和深度。
2. 应明确大纲的内容逻辑:AI可能仅提供简单的要点列表,缺乏层次结构。没有规定段落层级(如主标题、子标题),可能导致大纲缺乏条理。
3. 需提高标题的吸引力:AI可能生成过于普通的标题,如"元宇宙的未来"。未指明标题的风格(科技前沿、商业视角、争议性观点)。

高引导力提示词

请构思一篇关于"元宇宙未来发展"的深度科技分析文章大纲,并提供5个引人入胜的标题。请确保:

1. 大纲采用层级结构(主标题、子标题),逻辑清晰,并附简要描述。
2. 文章应涵盖技术基础、市场趋势、商业模式、潜在挑战、未来前景。
3. 5个标题应具有不同风格,至少包含:

 · 数据驱动(如"2025年的元宇宙经济规模预测")。

 · 热点争议(如"元宇宙真的会取代现实世界吗?")。

 · 前瞻性分析(如"下一代元宇宙:AI与区块链的结合")。

第六章
DeepSeek：直播带货助手

人工智能（AI）正深刻变革着直播带货行业，助力销售转化率攀升、用户体验优化，以及主播与观众互动效率的飞速提升。AI驱动的智能商品推荐系统，能够依据用户行为数据、购买历史及兴趣偏好，实现商品的精准推送，有效促进转化率增长。譬如，AI通过大数据分析精准捕捉热销商品，并灵活调整直播中的产品展示顺序，以迎合市场需求。

AI虚拟主播技术（涵盖AI语音合成、虚拟人技术等）的兴起，使得24小时不间断直播成为现实。品牌可借助AI生成的主播进行自动化讲解与互动，既提升了直播效率，又大幅降低了人力成本。

AI智能客服则能实时响应观众疑问，提供个性化的购物指导，有效减少了因信息缺失而导致的观众流失。同时，AI分析技术能够监控直播间内观众的情绪变化及弹幕内容，为主播优化直播内容提供有力支持，进而提升用户留存率。

AI在直播数据分析与优化方面同样发挥着举足轻重的作用。它能够实时分析直播效果、用户互动数据及销售数据，并自动生成针对性的优化建议，让带货直播变得更加智能、高效。

6.1 AI 主播助手与互动技巧

6.1.1 AI 主播的基本功能与优势

AI 技术正引领着直播带货模式的革新，使其迈向更加智能化、高效化与个性化的新阶段。其中，AI 主播助手作为直播行业的一项突破性创新，不仅有效降低了人力成本，还显著提升了直播质量，同时极大地增强了用户的互动体验。

AI 主播凭借先进的语音合成技术，能够生成宛如真人般的语音播报效果。并且，它还能根据直播内容的语境灵活调整语气，使得直播内容更加生动有趣，吸引力倍增。

示例 1

> ✧ **低引导力提示词**
> 请使用自然语言生成一段 30 秒的 AI 主播开场白，风格要亲切且能吸引观众。

> ⊗ **分析中……**
>
> 1. 需明确场景与受众：低引导力提示词缺乏具体场景和人群，导致输出泛泛。高引导力提示词则应精准定位。
> 2. 应给出结构化指令：低引导力提示词仅笼统要求"亲切"，而高引导力提示词可以拆分"开头—中间—结尾"，并给出具体话术范例（如幽默表达、悬念设计）。
> 3. 需给出细节约束：低引导力提示词缺乏此类细化标准，导致内容不够精确，而高引导力提示词会限定字数和句式，确保内容的可执行性。

> ⁂ **高引导力提示词**
> 请使用自然语言生成一段 30 秒的 AI 主播开场白，适用于短视频平台直播，风格要轻松幽默、引人入胜，吸引年轻观众。

> 1. 开头：用热情问候吸引观众，如"嗨，大家好！今天有大惊喜！"
> 2. 中间：介绍直播内容，并用幽默表达增加吸引力。
> 3. 结尾：用提问或悬念方式，引导观众继续观看，如"你知道今天的隐藏福利是什么吗？别走开！"
>
> 要求：内容在 80—100 字之间，短句表达，确保 AI 语音合成流畅自然。

示例 2

自动化直播脚本执行：AI 主播可以基于预设脚本进行直播，涵盖商品介绍、用户互动、促销活动等。

> ✧ **低引导力提示词**
>
> 请根据以下产品特点，生成一段适合 AI 主播讲解的商品介绍，语气要富有感染力。产品信息：{产品名称、特点、价格等}

❀ 分析中……

1. 需指定直播平台：不同平台（淘宝、抖音、京东）的受众和表达风格不同。

2. 应定义受众：如年轻人、商务人士、家庭主妇等，不同群体对商品介绍的关注点可能不同。

3. 需提供商品介绍的具体结构：低引导力提示词可能导致 AI 生成的内容逻辑混乱、重点不突出。

4. 需规定关键卖点：低引导力提示词可能导致 AI 生成的信息冗长、缺乏吸引力。

5. AI 语音合成适用于短句表达：长句会导致听感生硬。

6. 应增加停顿与强调指引：长且快速的语音可能导致 AI 朗读时缺乏节奏感。

> ✄ **高引导力提示词**
>
> 请根据以下产品特点，生成一段适用于抖音 AI 直播的商品介绍，语气要富有感染力、适合年轻消费者。

1. 内容结构

- 开场吸引(如"🔥全新上市!这款产品你一定会爱上!")。
- 核心卖点(如"轻巧便携,超长续航,性价比超高")。
- 价格与优惠(如"现在下单立享8折优惠!")。
- 互动引导(如"👍喜欢的朋友赶快下单吧!")。

2. 语音要求

- 80—120字,避免过长,导致语音听感生硬。
- 使用短句,增强节奏感,适应AI语音朗读。

产品信息:{产品名称、特点、价格等}

6.1.2 直播互动提升技巧

AI辅助弹幕与评论分析可以实时监测用户情绪,利用自然语言处理分析观众弹幕,判断情绪倾向,并自动调整主播的语气和话术。

示例

✧ 低引导力提示词

请根据以下观众弹幕内容,分析用户情绪并给出合适的直播调整建议。弹幕内容:{输入观众评论}

⊗ 分析中……

1. 需明确分析目标与情绪分类:低引导力提示词未具体说明情绪分析标准,可能导致AI识别结果模糊或偏差。未定义直播类型,不同直播(游戏、带货、娱乐、教育)的情绪分析侧重点不同。

2. 需细化调整建议:低引导力提示词未定义调整建议的维度,可能导致AI生成的建议过于宽泛。缺乏数据驱动的调整方案,没有考虑用户情绪的历史趋势。

3. 应适配AI语义分析:低引导力提示词未指定语境依赖性,可能导致AI误解弹幕含义。未包含AI限制说明,避免用户误解AI预测的可靠性。

> **⚙ 高引导力提示词**
>
> 请根据以下观众弹幕内容，分析用户情绪（正面、负面、中性、疑问），并针对电商带货直播提出合适的调整建议（如内容优化、互动方式、节奏调整）。
>
> 1. 分析标准
>
> ・正面（如"有趣、好评、积极反馈"）。
>
> ・负面（如"抱怨、厌烦、消极评论"）。
>
> ・中性（如"信息性评论"）。
>
> ・疑问（如"询问价格、功能、购买方式"）。
>
> 2. 调整建议
>
> ・若负面情绪超 40%，建议优化产品展示方式。
>
> ・若疑问类弹幕超 50%，增加讲解互动。
>
> 3. AI 限制说明
>
> ・此分析基于 AI 语义模型，结果仅供参考，建议结合实际运营经验调整。
>
> 弹幕内容：{ 输入观众评论 }
>
> 注：需要直接把弹幕内容附在本提示词后面或作为单独文本上传

6.2 数据驱动的商品选择与策略优化

6.2.1 AI 如何帮助选品

AI 可以通过社交媒体、搜索引擎、电商平台数据分析市场热门商品，进而帮助选品。

示例

> **✧ 低引导力提示词**
>
> 请分析当前市场上最受欢迎的 5 款智能家居产品，并提供数据支持。

> 📊 **分析中……**
>
> 1. 需明确市场范围与数据来源：未指定市场范围，可能导致分析结果不统一，例如全球市场 vs 具体国家市场。未定义数据来源，如电商平台销量、用户评价、社交媒体热度等，可能影响分析的准确性。
> 2. 应细化"最受欢迎程度"定义："最受欢迎"是一个模糊概念，可能指销量高、用户评分高、社交媒体热度高等不同标准。不同数据来源的权重未定义，可能导致 AI 结果偏差。
> 3. 应优化输出格式：未定义 AI 应该如何呈现结果，可能导致生成的信息杂乱无章。未要求数据可视化，影响可读性。

> ✨ **高引导力提示词**
>
> 基于以下指标，请分析 2024 年全球（或指定市场）最受欢迎的 5 款智能家居产品，并提供数据支持，列出核心结论。
>
> 1. 销量（如亚马逊、京东销量排名前 5）。
> 2. 用户评分（4.5 分以上，基于真实用户评价）。
> 3. 社交媒体热度（微博、X/Twitter、Reddit 讨论量）。
> 4. 输出要求
>   - 以表格列出：产品名称 | 销量 | 用户评分 | 社交热度 | 主要优缺点。
>   - 提供可视化图表（如销量趋势、评分分布）提升可读性。
>   - 数据来源需明确，并基于可靠平台（如亚马逊、京东、微博等）。

6.2.2 AI 优化定价策略

AI 可以根据市场供需关系、竞争对手价格调整商品售价。

> 📌 **示例**

> 🔹 **低引导力提示词**
>
> 请根据以下市场数据，制定一套 AI 驱动的动态定价策略。数据：{ 输入市场价格趋势 }

> **分析中……**

1. 需明确市场范围与数据来源：未定义市场范围，无法确定策略适用于哪个行业或区域（如电商、航空、酒店、零售等）。数据来源未说明，AI 可能难以判断数据的可靠性，例如是历史价格、竞争对手定价、消费者需求趋势，还是社交媒体讨论。

2. 应细化动态定价策略的目标：未定义策略目标，AI 可能无法明确是要提高利润、提升市场份额、优化库存周转，还是降低价格波动风险。不同策略的权重未设定，可能导致 AI 输出不符合预期。

3. 需优化输出格式：未定义 AI 该如何呈现定价策略，可能导致结果格式混乱。缺少可视化数据支持，影响可读性。

> **高引导力提示词**
>
> 请根据 2024 年全球电商市场数据，制定一套 AI 驱动的动态定价策略，目标是在 6 个月内提高利润率 10%，同时优化库存周转率。
>
> 1. 数据来源：过去 6 个月的市场价格趋势、竞争对手定价、消费者购买行为。
>
> 2. 关键变量：市场需求弹性、季节性因素、促销活动。
>
> 3. 输出要求：
>
> ·以表格呈现：商品类别 | 价格调整策略 | 预期利润影响 | 竞争对手价格参考。
>
> ·生成价格波动趋势图，展示过去 6 个月的市场价格变化。
>
> ·提供核心策略总结，包含定价机制、调整频率、风险管理建议。

6.2.3 AI 提升直播销售转化率

通过用户浏览、互动、加购数据，AI 预测用户购买倾向，并主动推送优惠信息。

示例

> ✦ **低引导力提示词**
>
> 请基于以下用户行为数据，预测用户的购买意愿并推荐适合的促销策略。数据：{用户互动数据}

❀ 分析中……

1. 需明确数据范围与类型：数据来源不清晰，无法确定是网站浏览数据、购物车数据、社交媒体互动，还是历史购买记录。数据维度未定义，无法判断哪些因素影响购买意愿（如点击率、停留时长、购买历史）。

2. 应细化购买意愿预测目标：未定义购买意愿的衡量标准，无法判断是高购买意愿用户 vs 低意愿用户，还是购买时间窗口。促销策略未具体化，AI可能无法确定是折扣、满减、赠品，还是个性化推荐。

3. 需优化输出格式：未指定输出格式，可能导致AI生成的结果结构混乱。缺少可视化数据支持，影响营销决策。

> ❀ **高引导力提示词**
>
> 请基于过去6个月的电商平台用户行为数据，预测用户的购买意愿评分（0—100），并推荐最优促销策略。数据：{用户互动数据}
>
> 1. 数据来源
>
> · 点击率、停留时长、购物车记录、历史购买数据。
>
> 2. 策略目标
>
> · 高购买意愿用户（80—100）：个性化推荐或限时折扣。
>
> · 中等购买意愿用户（50—79）：满减活动或购物积分奖励。
>
> · 低购买意愿用户（0—49）：免费试用或社交媒体种草推荐。
>
> 3. 输出要求
>
> · 表格呈现：用户ID | 购买意愿评分 | 适合的促销策略 | 预测购买时间窗口。
>
> · 生成购买意愿趋势图，展示不同用户群体的购买意愿变化。
>
> · 提供核心策略总结，包含不同促销手段的预计转化率提升效果。

6.3 直播脚本与话术自动生成

6.3.1 AI 辅助生成直播大纲

基于过往高转化直播数据，AI 可生成最佳直播流程。

示例

◇ 低引导力提示词

请为一场以"智能穿戴设备"为主题的直播创建一份详细的直播大纲，包含产品介绍、互动环节和促销策略。

❀ 分析中……

1. 需明确直播目标和受众：直播目标不明确——是新品发布、测评对比，还是促销引导？受众不清晰——面向普通消费者、科技爱好者，还是专业运动用户？
2. 应细化直播内容结构：直播环节描述不够细化，无法确保内容有逻辑性。促销策略不具体，可能导致 AI 生成笼统的营销方案。
3. 需优化输出格式：未定义直播大纲的输出格式，可能导致结构混乱。缺少互动数据支持，无法确保 AI 生成的直播方案符合实际情况。

❀ 高引导力提示词

请为一场以"智能穿戴设备"为主题的直播创建详细大纲，目标是提升新品转化率，受众为运动爱好者和商务人士。

直播结构（请用表格格式呈现）：

环节	内容	时间	互动方式
开场欢迎	主播介绍 + 直播亮点	5min	发送弹幕赢红包

产品介绍	详细功能讲解+竞品对比	20min	观众投票选择最关注的功能
互动环节	观众Q&A+体验反馈	15min	送出神秘小礼品
促销引导	限时折扣+拼团活动	10min	限量优惠券发放
直播收尾	复盘信息+关注引导	5min	抽取5名幸运观众

6.3.2 AI生成直播话术技巧

AI可基于不同直播场景,自动生成吸引人的介绍词。

示例

> ✧ 低引导力提示词
>
> 请为一款新上市的美妆产品编写3种不同风格的直播开场话术,分别针对年轻女性、职场人士和资深用户。

分析中……

1. 需明确产品特点与目标受众:美妆产品类型未明确,如粉底、口红、护肤品,影响话术风格。目标受众的需求未细化,不同用户关注点可能不同。

2. 应细化话术风格与情绪表达:未定义话术风格,可能导致AI生成的内容缺乏针对性。缺少情绪引导,直播开场话术需要吸引用户注意力。

3. 需确保结构化输出:未规定输出格式,可能导致AI生成的内容杂乱。缺少直播引导策略,如如何让观众留下来互动。

> ✁ 高引导力提示词
>
> 请为一款新上市的保湿粉底液编写3种不同风格的直播开场话术,分别针对潮流年轻女性、职场专业人士和护肤资深用户。
>
> 1. 风格要求
>
> · 年轻女性:潮流感、互动性强(如"你们有没有这样的烦恼……")。

- 职场人士：专业干练，强调效率（如"忙碌一天后，你需要这样一款底妆……"）。

- 资深用户：权威可信，突出成分科学（如"为什么皮肤科医生推荐这款粉底液……"）。

2. 情绪引导：使用悬念、互动提问、数据支撑。

3. 输出格式（表格化呈现）：

目标受众	话术风格	开场示例	互动策略
年轻女性	潮流、有趣	"姐妹们，你们有没有遇到这样的情况？妆前皮肤状态好好的，出门两小时就浮粉！别担心，这款粉底液就是为了解决这个问题！"	让观众在弹幕打出"+1"互动
职场人士	专业、干练	"上班通勤赶时间？别怕，这款粉底液帮你打造持久妆感，快速搞定晨间护肤。"	让观众留言"你的上班底妆挑战是什么？"
资深用户	科学、权威	"你知道吗？这款粉底液的保湿成分源自皮肤科学实验室研究，让你的肌肤长效滋润。"	直播现场进行成分科普，增强信任感

直播互动策略：限时抽奖、用户评论反馈、实时 Q&A。

6.3.3 AI 辅助打造高互动直播体验

AI 识别用户偏好，提供定制化话术。

示例

> ✧ **低引导力提示词**
>
> 请为 AI 主播生成 5 种不同的互动话术，以鼓励观众参与直播并提高评论互动率。

分析中……

1. 需明确直播场景与受众类型：互动话术的适用场景未明确，如电商直播、知识分享、游戏解说等，不同场景的互动策略可能不同。未说明目标观众特征，如年轻用户 vs 年长用户、社交型用户 vs 被动观众，互动方式可能需要调整。

2. 应细化互动目标与方式：未说明互动目标，如提升评论数量、增加点赞、提高停留时长。缺少具体互动策略，例如弹幕互动、竞猜、投票等方式未明确。

3. 需确保结构化输出：低引导力提示词的输出内容可能过于零散，缺少对比性和层次感。未明确输出格式，可能导致 AI 生成的内容杂乱。

高引导力提示词

请为 AI 主播生成 5 种不同的互动话术，以鼓励观众参与直播并提高评论互动率。

1. 请指定直播类型（如电商带货、知识分享、游戏直播）。
2. 设定互动目标（如提升评论量、增强用户停留时长）。
3. 提供多种互动方式（如弹幕互动、投票、竞猜、抽奖）。
4. 请以表格方式输出，并在每个话术后附上适用场景说明。

输出格式示例：

互动话术	适用直播类型	互动方式	预期效果
"家人们，你们觉得今天这款新品怎么样？打'1'支持，打'2'观望！"	电商带货	弹幕互动	提升观众参与感，提高评论数
"猜一猜，这款黑科技产品的价格是多少？留言区留下你的答案！"	科技评测	竞猜互动	提高停留时长，增加评论量
"今晚的直播你们最喜欢哪个环节？投票决定下次主题！"	互动访谈	投票互动	让观众更有参与感，提高复播率
"10秒钟倒计时！谁能最先在评论区打出关键词，就送神秘礼品！"	游戏直播	竞速留言	促进用户积极评论，增加氛围感
"这款产品用过的朋友，来聊聊你的真实体验吧！"	口碑分享	真实用户评论	增强信任感，推动成交

第七章
DeepSeek：广告与营销文案创作助手

如今，人工智能（AI）在文案创作领域的应用愈发广泛，极大地提升了内容生产的效率与质量。借助大语言模型，像 DeepSeek、ChatGPT、Gemini、Claude 以及文心一言等，AI 能够自动生成高质量的文案，这些文案可灵活应用于市场营销、社交媒体、电子商务等众多场景。

在广告与营销文案创作方面，AI 的表现尤为亮眼。它能够依据品牌风格、目标受众以及产品特点，自动生成极具吸引力的广告语、促销文案和社交媒体帖子。举个例子，AI 可以基于用户行为数据，为用户个性化推荐最有效的标题和文案，从而有效提高点击率和转化率。

在 SEO（Search Engine Optimization，搜索引擎优化）优化与内容创作领域，AI 同样发挥着重要作用。它可以生成高质量的博客文章、产品介绍和新闻稿，还能依据搜索引擎算法精准优化关键词，提升内容在搜索结果中的排名。此外，AI 还能自动扩展文章内容、调整语气，让内容更贴合读者的需求。

AI 在写作与润色方面也能提供有力辅助。它可以帮助创作者修改文章，提升语言的流畅度，避免语法和拼写错误。比如，AI 能够提供风格建议，让文案更具魅力。

简单地说，AI 以智能化、数据驱动的方式，显著提高了文案创作的效率，让企业和个人都能迅速产出高质量的内容。

7.1 热点追踪与情绪触发

在当下这个信息爆炸的时代，AI 技术正以雷霆之势重塑热点追踪的格局，助力创作者如同敏锐的猎手般精准捕捉市场趋势的脉搏，显著提升内容的时效性与吸引力。AI 凭借大数据分析、自然语言处理以及机器学习等前沿技术，如同一位不知疲倦的信息侦探，从社交媒体、新闻网站、搜索引擎等海量信息源中抽丝剥茧，精准提取热点话题，并以前瞻性的眼光预测其未来走向。

7.1.1 AI 追踪热点的核心技术

1. 大数据分析：全球热点信息的精准捕手

AI 借助飞瓜数据、新榜、新视、蝉妈妈、千瓜数据、微博热搜等权威平台，构建起一个覆盖全球的信息监测网络。它像一位经验丰富的数据分析师，对这些平台上的海量数据进行深度挖掘与分析，从纷繁复杂的信息洪流中筛选出具有高潜力的话题。例如，在某一国际体育赛事期间，AI 能够通过分析社交媒体上的讨论热度、新闻报道的频率以及搜索引擎的搜索量，迅速锁定与赛事相关的热门话题，为创作者提供极具价值的创作方向。

2. 情感分析：洞察话题情绪的微妙变化

AI 拥有强大的情感识别能力，它就像一位缜密的心理分析师，能够敏锐地捕捉不同话题背后的情绪倾向。通过对文本、评论等内容的语义分析，AI 可以判断某个话题是积极向上、消极负面还是中立客观，进而评估该话题是否容易引发受众的共鸣。以一部热门电影为例，AI 可以通过分析观众在社交媒体上的评价，准确判断出电影所引发的情感氛围，如果大部分评价都充满了感动和赞美，那么这个话题很可能具有较高的共鸣度，值得创作者深入挖掘。

3. 预测热点趋势：把握未来话题的风向标

AI 结合历史数据和当前用户行为，构建起一个精准的趋势预测模型。它就像一位具有先见之明的预言家，能够提前预判哪些话题将在未来几天或几周内爆发。例如，在节假日来临之前，AI 通过分析往年的消费数据、用户搜索行为以及社交媒体上的讨论趋势，预测出可能出现的热门消费话题，如旅游目的地推荐、节日礼品选购等。创作者可以根据这些预测结果，提前策划相关内容，抢先市场布局。比如：企业可以利用 AI 监测竞争对手的营销策略，并及时调整自身的推广策略。

示例 1

> ✧ **低引导力提示词**
>
> 请分析过去 7 天的社交媒体趋势，列出 3 个适合品牌营销的热门话题。

⊗ **分析中……**

1. 需明确分析范围与数据来源：提示词提及分析"过去 7 天社交媒体趋势"，但未具体说明社交媒体平台（如微博、微信公众号）、数据类型（如文本、图片）及数据来源（如飞瓜数据、新榜）。

2. 应细化热门话题定义："热门话题"概念模糊，需明确其指代讨论度高、关注度大或具商业价值的话题。

3. 需明确品牌营销目标：提示词提及寻找"适合品牌营销的热门话题"，但未明确品牌营销的具体目标（如提升知名度、增加互动）。

4. 应增加分析维度与深度：提示词仅要求列出热门话题，未分析话题适合品牌营销的原因或如何结合话题设计营销策略。

5. 需考虑时效性与可行性：提示词关注过去 7 天趋势，但未评估话题时效性和品牌营销的可行性。

> ✼ **高引导力提示词**
>
> 分析过去 7 天微博（或指定平台）上的热门话题（讨论量超过 10 万次或增长率超过 200%），列出 3 个既符合品牌调性，又能有效提升用户互动率的热门话题，并针对每个话题提出至少一项结合品牌营销目标的营销策略建议。
>
> 新闻创作：媒体公司利用 AI 追踪全球新闻热点，提高新闻生产效率。

> 示例 2

> ✧ **低引导力提示词**
>
> 请基于当前的新闻热点,为科技行业生成一篇适合[某平台]发表的 500 字短文。

> ⚛ **分析中……**

1. 需界定"当前新闻热点":低引导力提示词中该表述宽泛,未明确时间、来源及类型,易致分析者选材差异,影响短文内容与方向。
2. 应细化短文规范:低引导力提示词要求生成 500 字[某平台]短文,但内容、结构、风格等未具体说明,可能导致短文针对性不足或不符合平台特性。
3. 需明确受众与目的:低引导力提示词未指明短文目标受众及营销目的,而不同受众与目的对短文内容、语言及呈现方式有不同要求。

> ✣ **高引导力提示词**
>
> 请基于过去一周内来自主流科技媒体或权威新闻网站的与科技行业相关的创新、政策、市场动态等新闻热点,为科技行业的专业人士或决策者生成一篇适合微博上发表的 500 字短文。短文应围绕某个新闻热点展开,分析其对行业的影响、机遇或挑战,包含引言、正文和结论部分,并采用专业、客观的语言风格,旨在提升品牌知名度、展示行业洞察力或促进业务合作。

7.1.2 AI 如何分析用户情绪

情绪分析是 AI 在文案创作中的关键应用之一,它能够帮助品牌理解用户的心理状态,优化内容,提高互动率。

AI 进行情绪分析的方式

1. 自然语言处理技术处理用户评论、弹幕、社交媒体帖子,提取情感倾向(正面、中性、负面)。
2. 语义分析:识别用户言论中的隐含情绪,如幽默、愤怒、兴奋等。
3. 视觉情绪分析:AI 通过分析用户自拍照片,判断受众的情绪状态。

示例 1

✧ **低引导力提示词**

请分析以下 10 条用户评论的情绪，并总结主要情感趋势。

⚛ **分析中……**

1.需明确分析目标：低引导力提示词要求分析 10 条用户评论的情绪并总结情感趋势，但"情绪"与"情感趋势"需更具体定义，情绪指个体即时反应，情感趋势为多条评论中的整体表现或变化。

2.应提供评论背景：低引导力提示词仅给 10 条评论，未说明背景或来源，而背景（如产品、服务、事件）对准确理解情绪很关键。

3.需明确分析方法：低引导力提示词未指定分析情绪的方法或工具，情绪分析可采用手动阅读、关键词匹配、情感词典、机器学习模型等。

4.应明确输出格式：低引导力提示词要求总结情感趋势，但未明确输出格式，可为情绪分布图、情绪占比表格或文字描述。

✵ **高引导力提示词**

请对以下 10 条关于 [具体产品 / 服务] 的用户评论进行情绪分析，识别出每条评论中的主要情绪（如喜悦、愤怒、悲伤等），并以一个情绪分布图的形式总结主要情感趋势。请使用 [指定方法 / 工具] 进行情绪分析，并在分析中考虑评论的背景和上下文。

注：你使用这个提示词时需要提供 10 条用户评论

示例 2

✧ **低引导力提示词**

请根据以下用户评价，生成一份品牌反馈报告，并提供优化建议。

> **分析中……**
>
> 1. 评价来源不明：未指明用户评价的具体渠道或时间范围，影响分析的全面性与准确性。
> 2. 需给出具体反馈内容：未明确品牌反馈报告应包含的具体内容，概念过于宽泛。
> 3. 应增强针对性：未说明优化建议应聚焦的方面或其可行性要求。
> 4. 需规定形式：未规定报告的呈现形式，如是否需包含图表或特定格式。

> **高引导力提示词**
>
> 请根据过去一个月内在电商平台上的用户评价，生成一份品牌反馈报告。报告应包含用户满意度评分、主要问题及抱怨点、用户建议与期望、市场竞争力分析等关键要素。请针对产品性能、服务质量和营销策略提出具体的、可操作的优化建议。报告应以文字描述为主，辅以图表和数据可视化元素，以便更直观地展示分析结果。

注：要在提示词后面附上用户评价或上传用户评价到 AI

7.1.3 生成不同风格的文案

AI 可以根据品牌需求、用户群体和平台特点，自动调整文案的风格，使其更具吸引力。

常见文案风格

1. 正式风格（适用于商务、法律、政府公告）
2. 幽默风格（适用于社交媒体、年轻化品牌）
3. 情感共鸣风格（适用于公益、健康、心理类文案）
4. 极简风格（适用于高端品牌、奢侈品市场）

示例 1

> **低引导力提示词**
>
> 请为一款新发布的智能家居设备撰写一段正式风格的广告文案。

分析中……

1. 需明确产品信息：未说明智能家居设备的具体特点、功能或优势。
2. 应明确目标受众：未界定文案面向的人群，影响精准性。
3. 需具体描述风格：仅提"正式风格"，缺乏具体语言要求或示例。
4. 应补充目的与内容：未说明文案的具体目的与应包含的核心信息。
5. 应给出结构与长度指导：未给出文案的长度范围或结构建议。

高引导力提示词

请为一款面向年轻家庭的智能家居安全设备撰写一段100—150字的正式风格广告文案。该设备具有远程监控、智能报警和易安装等特点，旨在为家庭提供全方位的安全保障。请使用专业、严谨的语言，突出产品的主要功能和用户受益，并在文案结尾处呼吁读者采取行动（如访问官网了解更多信息或立即购买）。

示例2

低引导力提示词

请为一款即将上市的运动鞋创建3种不同风格的宣传文案。

分析中……

1. 应提供产品与受众信息：未说明运动鞋的特点、功能或目标受众，影响文案定位。
2. 需明确风格要求：未具体说明"3种风格"指哪些类型，描述模糊。
3. 需给出目的与信息：未明确文案的主要目标及应传达的核心内容。
4. 应提供长度与格式指导：未规定文案字数或格式，易导致内容不统一。

高引导力提示词

请为一款面向年轻运动爱好者的时尚轻盈运动鞋创建3种不同风格的宣传文案。该鞋款具有轻盈透气、减震舒适和时尚设计等特点，预计于下月上市。

请分别创建以下风格的文案：

    1. 正式专业风格：强调产品的技术特点和专业性能，适合在官方网站或专业运动杂志上使用。

    2. 幽默风趣风格：以轻松幽默的方式介绍产品，吸引年轻消费者的注意。

    3. 激励鼓舞风格：通过激励性的语言鼓舞消费者追求运动梦想，强调产品与运动精神的契合。

每段文案应为 100—150 字，包含标题、正文和结尾呼吁行动部分。请确保文案内容准确、有吸引力，并符合品牌调性。

7.2 AI 高效文案创作流程

7.2.1 文案创作的提示词工程

高质量的 AI 文案生成依赖于精准的提示词设计。提示词工程能够有效引导 AI 输出符合预期的内容。

提示词设计技巧

1. 具体化需求：避免模糊的指令，例如"写一篇产品介绍"，可改为"请为一款适用于年轻人的环保水杯撰写 300 字的营销文案"。

2. 提供示例：引导 AI 生成符合品牌调性的内容。

3. 分阶段引导：如果需要长文案，可分步生成，如"先生成文章大纲，再细化内容"。

示例 1

> ✧ **低引导力提示词**
>
> 请撰写一篇关于智能办公设备的 500 字博文，并包含 3 个使用场景。

分析中……

1. 需界定"智能办公设备"的范围与特性：概念较宽泛，需明确包括哪些设备及其应具备的功能特点。

2. 应细化使用场景的描述要求：当前描述过于笼统，需明确场景背景、人物角色及设备使用方式。

3. 需明确博文目的与读者定位：应说明撰写目的（如介绍产品、分享经验、行业探讨）及目标读者群体（如管理者、职员、科技爱好者等）。

4. 应规范博文结构与语言风格：应明确是否包含引言、正文、结论等，以及语言风格（如正式、轻松或专业）。

高引导力提示词

请撰写一篇500字的博文，介绍具有无线连接、语音识别、自动化功能的最新智能会议系统。博文应包含引言、正文和结论三个部分，并使用轻松、易懂的语言风格。在正文中，请详细描述智能会议系统在以下三个使用场景中的应用：

1. 远程办公：如何帮助远程团队实现高效协作和沟通。

2. 会议室协作：如何提升会议效率和参与度，减少会议中的技术障碍。

3. 移动办公：如何支持移动职员在任何地点都能轻松参与会议和协作。

请确保博文内容准确、有吸引力，并能够让读者清晰了解智能会议系统的优势和应用场景。

示例2

低引导力提示词

请为以下产品生成一段富有幽默感的广告宣传文案：智华手机Mt60。

分析中……

1. 需明确幽默风格与程度：具体说明幽默的类型（如调侃、讽刺、机智）及强度，避免与品牌调性不符或幽默失衡。

2. 应结合产品特点撰写文案：突出智华手机Mt60的特性与卖点，使文案内容贴合产品，增强吸引力。

3. 应明确目标受众与使用语境：界定文案的目标人群及投放场景（如社交媒体、广告牌等），以匹配受众偏好与传播环境。

4. 需突出创意与新颖性要求：明确创意要求，鼓励独特视角和新颖表达，增强文案吸引力与传播效果。

> **⚛ 高引导力提示词**
>
> 请为智华手机 Mt60 生成一段轻松调侃风格的幽默广告宣传文案，目标受众为年轻消费者。文案应结合智华手机 Mt60 的超强拍照功能、长续航电池或极致设计感等特性，并适合在社交媒体上传播。请发挥你的创意，撰写一段新颖有趣的幽默文案，确保文案中的幽默元素适中，既不过于轻浮，也不过于尖刻。

7.2.2 高效文案创作的步骤

1. 明确目标：确定文案的受众、用途和关键信息。

2. 利用 AI 生成初稿：根据提示词获取 AI 生成的文本。

3. 人机协同优化：调整语气、风格，使其更符合品牌需求。

4. 增加 A/B 测试：使用 AI 进行数据分析，选择最佳版本。

示例

> **✧ 低引导力提示词**
>
> 请提供两种不同版本的广告文案，以测试哪种风格更吸引用户。

❀ 分析中……

1. 需明确文案风格差异：具体说明两种风格的区别（如正式 vs 休闲、感性 vs 理性等），避免风格趋同，影响测试效果。

2. 应指定目标受众：明确广告面向的用户群体，以便风格匹配受众偏好，提高测试针对性。

3. 需明确测试目的与评估标准：说明测试是为提升点击率、转化率或品牌知名度,并明确评估标准,确保测试有效。

4.需结合产品特性撰写文案:文案应突出产品特点,根据不同风格强调不同卖点,增强吸引力。

> **高引导力提示词**
>
> 请针对年轻消费者,提供一份正式风格的广告文案和一份休闲风格的广告文案,以测试哪种风格能提高广告的点击率。请结合产品的创新设计、高性价比或用户好评来撰写文案。我们将根据广告的点击率、转化率或用户反馈来评估哪种风格的文案更吸引用户。

7.2.3 适用于不同平台的文案优化

AI 可根据不同平台的特点优化文案。

1. 微博、X/Twitter:短小精悍,强调互动性。
2. 小红书、Instagram:注重视觉化表达,搭配标签共同使用。
3. 领英:专业性强,强调行业趋势与商业价值。

示例

> **低引导力提示词**
>
> 请为以下品牌活动生成适用于微博、小红书和领英的文案,并调整语气。

分析中……

1. 需明确品牌活动的具体内容与目标:低引导力提示词虽要求生成品牌活动文案,但未说明活动具体内容(如新品发布、促销等)及目标(如提升知名度、促进销售等),而不同的内容与目标需采用不同的文案策略与语气。

2. 应细化各平台文案的要求与语气调整:低引导力提示词提及微博、小红书、领英三平台,但未明确各平台文案要求与语气调整方向。鉴于各平台用户群体、内容风格及互动方式各异,文案需定制化。

3. 需提供品牌调性与关键信息:低引导力提示词未给出品牌调性(如年轻时

尚、高端奢华等）与关键信息（如产品特点、活动亮点等），这可能导致文案与品牌形象不符或缺乏核心卖点，而品牌调性与关键信息是文案创作的基础。

4. 需考虑文案长度与格式：不同平台对文案长度与格式要求不同，如微博文案需精炼，小红书文案可能含更多图片与标签，领英文案则可能更长且需详细阐述。

> **高引导力提示词**
>
> 请为即将举行的秋季新品发布会生成适用于微博、小红书和领英的文案。微博文案应注重趣味性和互动性，采用轻松幽默的语气，控制在 140 字以内；小红书文案应强调美观和实用性，采用亲切温暖的语气，可包含多张图片和相关标签；领英文案应突出专业性和行业洞察，采用正式专业的语气，可适当延长，并建议采用段落分明的格式。请结合品牌年轻时尚的调性和新品独特的卖点来创作文案，并确保文案中包含产品的创新功能、活动的限时优惠和品牌的环保理念。

7.3 爆款文案案例分析与实践

7.3.1 深度解析高互动文案

AI 可以分析热门文案的结构和成功要素，一般来说有以下 3 种：

1. 情感共鸣：激发用户情绪，提高分享率。

2. 强烈的 CTA（行动号召）：鼓励用户立即行动。

3. 精准的用户定位：符合受众需求。

示例

> **低引导力提示词**
>
> 请分析以下 5 个高互动文案的成功原因，并总结其共同特点。

> ⊗ 分析中……
>
> 1.需明确高互动文案定义及衡量标准：低引导力提示词提及"高互动文案"，但未界定其定义与衡量标准，应明确如点赞、评论、分享等互动指标达到何种水平方为高互动。
>
> 2.应指定分析角度与深度：低引导力提示词要求分析高互动文案成功原因，但未明确分析角度与深度，需聚焦内容创意、情感共鸣、目标受众匹配度、时事热点关联等关键方面。
>
> 3.需明确总结共同特点要求：低引导力提示词要求总结高互动文案共同特点，但未说明具体要求与形式，应明确从语言风格、结构布局、元素运用等层面总结，并确定呈现方式。
>
> 4.应提供文案背景信息：低引导力提示词分析高互动文案成功原因时，未给出文案背景信息，如发布时间、目标受众、营销目的等，无法让AI得出吸引互动的深层原因。

> ⋈ **高引导力提示词**
>
> 请分析以下5个高互动文案（指点赞数超过1000、评论数超过200、分享数超过50的文案）的成功原因，并从内容创意、情感共鸣、目标受众匹配度三个方面深入挖掘其背后的原理、策略或技巧。请结合文案的发布时间、目标受众、营销目的等背景信息进行分析，并以列表或段落的形式总结高互动文案在内容创作、情感表达、互动引导等方面的共同特点，附上相关例证或解释。

7.3.2 AI辅助创作爆款广告文案

AI可以生成高转化率的小红书广告、Facebook广告、社交媒体推广文案。

示例

> ◇ **低引导力提示词**
>
> 请为一款护肤品生成3个不同风格的广告文案，并优化CTA。

> **分析中……**
>
> 1. 需明确护肤品特性与目标受众：低引导力提示词要求为护肤品生成广告文案，但未说明产品特性（如功效、成分、适用肤质）及目标受众（如年龄、性别、消费习惯），这些信息是文案创作基础，能提升文案针对性与吸引力。
>
> 2. 应细化不同风格要求：低引导力提示词要求生成 3 种不同风格广告文案，但未明确风格具体要求，需从语言风格、情感表达、创意角度等方面明确每种风格的特点与方向。
>
> 3. 需明确 CTA 优化要求：低引导力提示词提及优化 CTA，但未说明具体优化要求与方向，而 CTA 是广告文案关键部分，直接影响消费者行动意愿与转化率。
>
> 4. 应考虑文案传播渠道：低引导力提示词未明确文案传播渠道，但实际创作中不同渠道文案有差异，如社交媒体文案注重互动性与趣味性，电商平台文案则强调产品特性与购买信息。

> **高引导力提示词**
>
> 请为一款具有保湿、抗衰老功效，适合干性肤质的护肤品，针对 25—35 岁的都市女性（注重护肤保养，追求自然美）生成 3 个不同风格的广告文案，并优化 CTA。具体要求如下：
>
> 1. 第一个文案采用正式、专业的语言风格，强调产品的科学研发背景；
>
> 2. 第二个文案采用亲切、幽默的语言风格，拉近与消费者的距离；
>
> 3. 第三个文案采用浪漫、诗意的语言风格，激发消费者对美的追求；
>
> 4. CTA 应简洁明了，具有紧迫感，同时符合品牌调性。请根据文案风格和受众特征，自行设计具有吸引力的 CTA。

7.3.3 提升文案转化率的 AI 优化技巧

1. 基于数据优化文案：AI 结合 A/B 测试提供优化建议。

2. 智能调整 CTA 词汇：使用 AI 测试"立即购买"vs"现在下单，享受 20% 折扣"的效果。

> **示例**

> ✧ **低引导力提示词**
>
> 请优化以下文案，使其更具紧迫感，并添加更有效的 CTA。

❀ **分析中……**

1. 需明确文案内容与背景：低引导力提示词要求优化文案，但未提供具体内容与背景信息，而不同文案内容与背景需不同优化策略，如促销与新品发布文案在紧迫感和 CTA 设计上存在差异。

2. 应细化"紧迫感"要求：低引导力提示词提及增强文案紧迫感，但未明确具体表现与要求，紧迫感可通过时间、数量限制或独家优惠等方式体现。

3. 需明确 CTA 目标与有效性标准：低引导力提示词要求添加更有效 CTA，但未说明其目标与有效性标准，有效 CTA 应明确、具体，并能激发受众行动意愿。

4. 应考虑文案受众与渠道：低引导力提示词未提及文案受众与渠道，但实际优化中，这些因素对文案紧迫感和 CTA 设计影响重大，不同受众与渠道需不同文案风格与 CTA 策略。

> ✺ **高引导力提示词**
>
> 请优化以下关于限时促销活动的文案，使其更具紧迫感，并添加更有效的 CTA。具体要求如下：
>
> 1. 文案内容：提供一段关于品牌限时促销活动的现有文案（或要求分析者自行创作）。
>
> 2. 紧迫感要求：在文案中强调活动的限时性，如使用"仅剩 X 天！""错过等一年！"等表述，营造紧迫感。
>
> 3. CTA 目标：CTA 应该引导受众点击链接、购买产品或注册会员。
>
> 4. CTA 有效性标准：CTA 应该简洁明了，使用动词开头，如"立即购买""现在注册"等，并强调行动的紧迫性。
>
> 5. 受众特征：目标受众是年轻女性，对时尚和美妆产品感兴趣。
>
> 6. 传播渠道：文案将用于社交媒体平台（如微博、小红书）的广告投放。

第八章
DeepSeek：原创与查重助手

人工智能（AI）在文本原创性检测与查重领域扮演着举足轻重的角色，其应用广泛渗透至学术论文、新闻报道、营销文案等多个领域。

在原创内容创作方面，AI依托大语言模型，能够自动生成与上下文逻辑紧密契合的文本内容。它不仅能够助力创作者规避重复表述，还能巧妙调整措辞，显著提升内容的独特性与新颖性。例如，AI可以对既有文本进行精妙改写，使其在保持语义一致性的同时，更加流畅且符合搜索引擎优化规范。

在文本查重与抄袭检测领域，AI深度融合自然语言处理与深度学习技术，能够精确比对文献、新闻、博客等海量数据源，精准识别文本中的重复内容。诸如知网、维普、万方、Turnitin、Grammarly等先进工具，便充分利用AI技术检测学术论文的相似度，为作者提供有力的写作辅助，有效降低抄袭风险。

此外，AI还能进一步优化查重结果分析，生成详尽的相似度报告，并针对高重复率段落提供切实可行的修改建议，从而助力创作者提升原创水平，满足学术或商业领域的严格要求。AI技术的蓬勃发展，正推动内容创作向更加智能化的方向迈进，不仅提升了文本质量，还有效遏制了抄袭现象，显著增强了信息的可信度与可靠性。

8.1 AI 生成内容的识别与修改

8.1.1 如何判断文本是否为 AI 生成

随着人工智能生成内容技术的进步，如何区分 AI 生成文本与人类撰写的内容成为一个重要问题。AI 生成文本通常具备以下特征：

・语言流畅但缺乏个性：AI 生成的文本通常语法正确、流畅度高，但较少出现独特的表达方式和个性化风格。

・信息重复：AI 可能在段落间重复某些表达，尤其是没有经过优化的文本。

・逻辑性强但缺乏深度：AI 生成的文章通常逻辑清晰，但可能缺乏创新性或深度分析。

・缺乏最新数据：AI 生成的内容可能基于已有数据，缺乏最新的信息。

目前市面上已有多款 AI 生成内容检测工具，如：

・GPTZero：专门用于检测 AI 生成文本的工具，适用于学术和商业内容。

・Turnitin AI Detection：主要用于学术写作，检测论文中的 AI 生成部分。

示例

> ✧ **低引导力提示词**
>
> 请分析以下文本并判断其是否由 AI 生成，并说明你的判断依据。

分析中……

1.需明确判断标准与数据特征：未说明判断标准（如语法、重复度、逻辑、语气等）；缺乏人工与 AI 文本的特征对比；未限定生成模型（如 DeepSeek、GPT-4、Claude、Gemini），影响判断依据。

2.应增强分析深度：仅要求判断结果，未涉及混合文本（AI+人工）的识别；缺少置信度输出；未指定适用领域（如新闻、论文、社交评论），影响分析准确性。

3. 应规范输出格式：未要求结构化输出，易导致结果零散；未提供示例参考，可能偏离预期表达方式。

> **⚙ 高引导力提示词**
>
> 请分析以下文本并判断其是否由 AI 生成，并说明你的判断依据。
>
> · 请提供判断标准（如句式结构、信息创新度、上下文连贯性）。
>
> · 请基于 AI 生成文本特征（如 GPT-4、Claude）进行分析。
>
> · 如果文本可能是 AI+ 人工编辑，请说明如何判断其比例。
>
> · 请提供 AI 生成概率评分，并简要解释评分依据。
>
> · 请以表格方式输出判断依据，并对比 AI 生成文本与人工文本的特征。
>
> 示例格式：
>
> | 判断标准 | AI 生成文本特征 | 人工撰写文本特征 | 适用场景 |
> | --- | --- | --- | --- |
> | 句式结构 | 句式较为固定，长短均匀 | 句式变化丰富，更具个性化 | 科技新闻 |
> | 词汇选择 | 常用高级词汇，但缺乏地道表达 | 语言自然，带有个人风格 | 论文摘要 |
> | 逻辑连贯性 | 逻辑清晰，但信息重复度较高 | 逻辑灵活，可能有跳跃性思维 | 评论文章 |

8.1.2 AI 检测结果的准确性与局限性

尽管 AI 检测工具能识别 AI 生成的文本，但它们并非 100% 准确。

检测工具的优势

1. 快速识别：可以迅速分析大段文本并给出相似度报告。

2. 适用于多种语言：支持多语言内容分析。

3. 基于统计特征分析：检测 AI 文本的写作模式，如句式结构、重复表达等。

检测工具的局限性

1. 误判可能性高：部分检测工具可能误将人类撰写的内容判断为 AI 生成。

2. 对混合内容的识别能力有限：如果人类对 AI 生成的内容进行了部分修改，检测工具可能无法准确识别。

3. 难以判断创意性：检测工具只能基于语言模式分析，而无法判断内容的真正价值。

> **示例**

> ✦ **低引导力提示词**
> 请评估以下 AI 检测工具的可靠性，并给出改进建议。

> ⊗ **分析中……**

1. 应明确评估标准：未定义"可靠性"指标（如准确率、误报率、稳定性、可解释性等）；不同检测类型（文本、图像）评估方式不同，需明确标准。
2. 需细化改进建议的要求：改进范围过宽，未说明是算法优化、数据增强还是用户体验改进；缺乏可操作性，未指明优化方向（如提升 F1-score、降低误报率）。
3. 应规范输出格式，增强可读性：未要求结构化输出，易造成结果混乱；缺少统一的改进建议模板，难以对比多个工具。

> ✤ **高引导力提示词**
> 请评估以下 AI 检测工具的可靠性，并给出改进建议。
> 1. 请基于以下指标进行评估：准确率、召回率、误报率、执行速度、可解释性。
> 2. 请指定检测工具类型（如文本检测、图像识别、异常检测）。
> 3. 请提供数据支持，并对比多个工具的优缺点。
> 4. 请针对主要问题提供具体改进建议（如数据增强、算法优化、参数调整）。
> 5. 请结合已有案例，说明改进方案的可行性。
> 6. 请以表格方式呈现评估结果，并提供标准化改进建议模板。

示例格式：

AI检测工具	准确率	召回率	误报率	处理速度	适用场景	主要优缺点
工具A	95%	90%	5%	0.2s/请求	文本检测	高准确率，但误报率稍高
工具B	92%	85%	7%	0.3s/请求	图像识别	适用于复杂场景，但速度稍慢

改进建议格式

1. 问题：误报率高（5%）。

2. 优化方向：调整阈值，提高数据质量。

3. 具体措施：使用更精准的数据集、引入少量人工标注数据。

注：使用这个提示词时需要提供AI检查工具（即A、B）的名称

8.1.3 修改AI生成内容以提高可读性

AI生成的文本通常需要人工修改，以增强可读性，使其更具自然性和独特性。修改技巧如下：

1. 调整语序与句式：通过主动调整句子结构，使文本更符合人类表达习惯。

2. 增加个性化表达：加入独特的观点、比喻、例子，使内容更具吸引力。

3. 增强逻辑连贯性：避免重复句式，调整段落结构，使信息表达更加清晰。

示例1

◇ 低引导力提示词

请优化以下AI生成的文本，使其更具自然流畅性。

❽ 分析中……

1. 应明确优化目标：未说明"优化"侧重点（如语法、语气、逻辑、词汇等）；"自然流畅性"定义不清，未明确是口语表达、正式写作还是特定领

域语言习惯；未指定适用场景（如商业文案、新闻、社交媒体），影响优化标准。

2. 应细化优化方式：可包括词汇调整（避免重复、生硬表达）、句子连贯性（结构优化、连接词使用）、逻辑提升（增强因果关系、删减冗余）。

3. 需增强可读性与适用性：建议采用"原始文本→优化建议→优化后版本"的格式，便于理解；不同场景应匹配不同风格（如口语化强调互动性，正式写作强调严谨性）。

高引导力提示词

请优化以下 AI 生成的文本，使其更加自然流畅。

1. 优化目标：调整句式，使表达更加顺畅，并减少冗余或重复。

2. 流畅性标准：确保文本符合自然语言习惯，并根据上下文调整用词，使其更贴近人类表达。

3. 适用场景：根据以下要求优化文本，使其适用于（新闻报道 / 产品介绍 / 论文摘要 / 社交媒体等）。

4. 具体要求

· 优化句式结构（减少被动语态、调整句子长度）。

· 增强语义连贯性（确保句子逻辑清晰）。

· 避免 AI 痕迹（减少机械化表达）。

5. 请提供优化前后的对比示例，并说明改进点。

示例表格：

原始文本	优化后文本	主要改进点
这个产品具有良好的性能，并且可以被广泛使用。	这款产品性能出色，适用于多个场景。	删除冗余词，提高流畅度
研究表明，该方法在多个领域具有应用潜力。	研究显示，这种方法已被应用于多个领域。	句子更简洁，避免含糊
这个工具在很多情况下都可能非常有用。	这个工具在不同场景下都能发挥重要作用。	用词更精确

示例2

> **低引导力提示词**
>
> 请修改这篇文章，使其更符合人类作者的写作风格。

分析中……

1. 需明确"人类作者的写作风格"：应体现人类自然语言句式（避免冗长、重复）、清晰逻辑（因果合理）、语言表现力（使用修辞、情感色彩）。

2. 应细化优化方式：包括词汇调整（表达更自然）、语法结构优化（精简句式）、内容流畅性提升（逻辑清晰、衔接顺畅）。

3. 需增强适用性：建议采用"原始文本→优化建议→优化后版本"格式，便于理解与对比；不同场景应匹配不同风格（如口语化注重简洁互动，正式文体强调准确严谨）。

> **高引导力提示词**
>
> 请优化以下文章，使其更符合人类作者的写作风格。
>
> 1. 优化目标：调整句式，使表达更加顺畅，并减少冗余或重复。
>
> 2. 流畅性标准：确保文本符合自然语言习惯，并根据上下文调整用词，使其更贴近人类表达。
>
> 3. 适用场景：根据以下要求优化文本，使其适用于（学术写作 / 新闻报道 / 营销文案 / 小说）。
>
> 4. 具体要求
>
> · 优化句式结构（减少被动语态、调整句子长度）。
>
> · 增强语义连贯性（确保句子逻辑清晰）。
>
> · 避免 AI 痕迹（减少机械化表达）。
>
> 5. 请提供优化前后的对比示例，并说明改进点。

示例表格：

原始文本	优化后文本	主要改进点
这个产品具有良好的性能，并且可以被广泛使用。	这款产品性能出色，适用于多个场景。	删除冗余词，提高流畅度
研究表明，该方法在多个领域具有应用潜力。	研究显示，这种方法已被应用于多个领域。	句子更简洁，避免含糊
这个工具在很多情况下都可能非常有用。	这个工具在不同场景下都能发挥重要作用。	用词更精确

8.2 内容原创度检测与规避重复技巧

8.2.1 现有的原创度检测工具

AI 可以通过原创度检测工具来识别文本相似度，并提供优化建议。

现在，主流原创度检测工具有：

1. 知网、维普、万方等。
2. Turnitin：广泛用于学术论文查重。
3. Grammarly Plagiarism Checker：适用于商业与学术内容的查重。
4. QuillBot：提供改写功能以降低重复率。

> 示例

> ✧ 低引导力提示词
>
> 请使用 AI 工具分析以下文本的原创度，并提供修改建议。

> ⊗ 分析中……
>
> 1. 需明确"原创度"的标准：未定义原创度是指查重率、语言独特性，还是内容创新性；缺乏具体判断依据，如是否重复于网络文本、有无 AI 痕迹、是否使用通用表达。

2. 应细化修改建议的类型：应包括冗余改写（减少 AI 痕迹）、内容独特性提升（避免套话、引入案例）、用词优化（替换通用短语、增强个性化）。

3. 需增强适用性，提供多种输出格式：适用于学术论文（查重、学术表达）、新闻报道（信息增强）、营销文案（差异化表达）；不同文本类型应匹配不同优化策略。

高引导力提示词

请使用 AI 工具分析以下文本的原创度，并提供修改建议。

1. 原创度标准

- 查重率（检测文本与公开资料的相似度，并标记高重复部分）。
- 语言独特性（避免通用表达，增强个性化）。
- 内容创新性（分析文本是否具有独特观点，避免套话）。

2. 适用场景

- 学术论文（查重率应低于 10%，优化学术表达）。
- 新闻报道（增强信息量，避免冗余）。
- 营销文案（提高吸引力，增强品牌独特性）。

3. 修改建议类型

- 词汇优化（用更精准、生动的词汇替换常见表达）。
- 句式调整（使句子更加自然、流畅）。
- 内容创新（建议补充具体案例或独特观点）。

4. 请输出以下内容

- 查重分析（标注疑似重复的部分）。
- 优化建议（如何提高文本的独特性）。
- 优化后版本（提供改写示例）。
- 表格格式输出

原始文本	查重率	优化建议	修改后文本
这个产品非常好，用户反馈不错。	80%	语言过于普通，建议增强表现力，如"用户一致好评"	这款产品广受好评，用户反馈极佳！

| 近年来，人工智能迅速发展。 | 75% | 句式过于常见，建议补充具体数据 | 自2015年以来，人工智能增长率达30%，在多个行业得到应用。 |

8.2.2 AI 如何优化内容以提升原创度

1. 语义改写：使用 AI 重新表达内容，而不改变核心意义。

2. 句子重构：调整句式结构，使文本更加多样化。

3. 数据支持：引入新的统计数据，使内容更具信息量。

示例

> **低引导力提示词**
>
> 请基于以下内容进行改写，使其在查重系统中相似度降低至 20% 以下。

> **分析中……**
>
> 1. 需明确目标：没有具体说明查重系统的类型（如知网、维普、万方、Turnitin、Copyscape、Grammarly Plagiarism Checker）。
>
> 2. 应提供改写策略：未指定 AI 应该如何降低相似度（如词汇替换、句式调整、段落重构）。
>
> 3. 需定义内容类型：没有说明是学术论文、新闻文章，还是一般文本，不同类型的改写方式会有所不同。

> **高引导力提示词**
>
> 请对以下学术论文文本进行改写，使其在 Turnitin 查重系统中相似度降低至 20% 以下，同时确保语言流畅、逻辑清晰。
>
> 1. 改写策略：使用同义词替换、句式调整、段落重构，避免单纯的词汇替换。
>
> 2. 内容要求：保持专业性、格式规范，确保改写后仍符合学术写作标准。

3. 输出格式

- 改写前：原文完整呈现。
- 改写后：优化后的版本，语言流畅、符合学术规范。
- 查重模拟评分：AI 预测的相似度降低情况。

注：用户必须提供需要改写的论文

8.3 如何有效避免被检测为 AI 生成

8.3.1 AI 生成文本的"去 AI 化"策略

1. 增加人为润色：调整句式、添加修辞手法，使文本更自然。

2. 插入第一人称表达：人类写作常带有个人体验，AI 生成文本较少使用此技巧。

示例

✧ 低引导力提示词

请优化以下 AI 生成文本，使其更具原创性。

分析中……

1. 需优化"原创性"概念的明确性：提示词仅要求优化 AI 生成文本的"原创性"，但未具体说明如何衡量原创性。例如，是指降低相似度，减少 AI 语言模式，还是提升个性化表达？

2. 应增加优化方法的指引：提示词未指明优化策略，可能导致 AI 生成的优化版本无法满足用户需求。

3. 需补充适用范围：未说明文本类型，例如学术论文、营销文案、社交媒体内容，不同文本类型的优化方向可能不同。

> **✺ 高引导力提示词**
>
> 请优化以下（文本类型），使其更具原创性，并确保：
>
> 1. 优化目标：降低 AI 生成痕迹，使文本更符合人类表达风格。
>
> 2. 优化策略
>
> · 词汇优化：用更具个性化的词汇替换常见表达。
>
> · 句式调整：避免过于规律化的 AI 句式，增加表达多样性。
>
> · 逻辑优化：提升内容流畅度，使表达更符合自然语言习惯。
>
> 3. 输出格式
>
> · 原文：展示 AI 生成文本。
>
> · 优化后：提供改写版本，并附简要修改说明。
>
> · 原创性评估：如适用，提供相似度变化或 AI 生成痕迹分析。

8.3.2 通过手动润色提高文本真实性

1. 加入真实案例：结合真实数据或案例，使文本更可信。

2. 调整语气：根据使用场景，调整正式或非正式语气，使文本更符合特定受众需求。

示例

> **✦ 低引导力提示词**
>
> 请手动润色以下文本，使其更具人类写作风格。

⊗ 分析中……

1. 需提供具体的润色方向：仅要求"更具人类写作风格"，未明确需体现哪些特征（如情感色彩、语言流畅性、特定文体风格等）。

2. 应指定文本类型与目标受众：不同文本类型（如报告、新闻、文案、论文）及读者群体对应不同润色方式，提示词未加说明，可能导致风格不匹配。

3. 需定义润色深度：未说明是轻度用词调整，还是深度改写（含逻辑优化、结构重组），缺乏操作指引。

> ✂ **高引导力提示词**
>
> 请手动润色以下文本,使其更具人类写作风格,并确保:
>
> 1. 风格自然流畅:减少机械化表达,使语言更加符合人类习惯,如更生动、更具层次感。
>
> 2. 文本类型适配:针对以下文本类型【请填入文本类型,如学术论文/新闻报道/产品介绍】,调整语言风格,使其符合该类型的写作规范。
>
> 3. 适配目标受众:考虑受众背景,如【请填入受众信息,如普通消费者/专业研究人员】,确保语言风格适合该群体的阅读习惯。
>
> 4. 润色深度:优化句式、词汇,使其更流畅,但保持原意不变。
>
> 示例:
>
> ・原始文本:"该产品采用了先进的 AI 算法,实现了智能推荐功能。"
>
> ・润色后:"这款产品搭载了先进的 AI 算法,能够智能分析用户需求,精准推荐个性化内容。"
>
> 请根据以上要求,对以下文本进行润色:{ 输入文本 }

8.3.3 让 AI 自我迭代优化生成内容

1. 多轮优化:使用 AI 反复调整文本,使其更加自然。

2. 结合多个 AI 工具:通过多个 AI 平台交叉优化文本,提高文本质量。

示例

> ✧ **低引导力提示词**
>
> 请迭代优化以下 AI 生成文本,使其更加独特。

分析中……

1. 需明确"独特"标准:仅提"更加独特",未说明衡量方式(如表达创新、内容深度)及是否需避免模板化语言。

2. 应限定优化方向:"优化"可涉及语法、风格、内容、结构等多个维度,提示词未明确主优化方向,易导致结果偏离预期。

3.需给出文本类型和适用场景：不同文本类型（如新闻、文案、论文）对"独特性"要求不同，未说明文本属性，影响优化匹配度。

4.需指定优化策略：未说明是否可改写结构、加入修辞或是否需保留原文关键内容，缺乏具体操作规则。

高引导力提示词

请迭代优化以下AI生成文本，使其更具独特性，并确保：

1.表达更精准：避免通用化描述，增强文本细节和表现力。

2.优化方向明确：重点改进【请填入优化方向，如语法、逻辑、句式多样性】。

3.适配文本类型：此文本类型为【请填入，如新闻报道、产品文案】，优化后需符合该类型的标准表达方式。

4.风格要求：请调整文本风格，使其【请填入，如更加正式/幽默/生动】，但保持原意不变。

5.可调整范围：允许调整句式结构，但应保留核心信息。

示例：

·原始文本："该产品功能强大，能够满足大多数用户的需求。"

·优化后："这款产品凭借卓越性能，精准满足不同用户的个性化需求。"

请根据以上要求，对以下文本进行优化：{输入文本}

第九章

DeepSeek：创意与数字艺术助手

人工智能在创意与数字艺术领域的应用正以前所未有的速度蓬勃发展，极大地拓宽了艺术创作的疆界，显著提升了创作效率，并孕育出诸多崭新的艺术形式。

在图像生成领域，AI 凭借深度学习模型（诸如 Midjourney、Stable Diffusion、DALL·E 等）的卓越能力，能够自动创作出高品质的艺术作品，广泛覆盖插画、海报、概念艺术等多个艺术范畴。艺术家们仅需通过文本输入便能精准操控 AI 生成的风格，使其完美契合个人的创作愿景与需求。

在音乐与音频创作方面，AI 同样展现出非凡的才华，能够自主进行作曲、混音以及声音合成。例如，AIVA 与 OpenAI 的 Jukebox 便能创作出风格迥异的音乐作品，为电影、游戏以及广告配乐提供了丰富的选择。此外，AI 语音合成技术（如 DeepSeek-TTS〔Text To Speech，文语转换〕）的崛起，更是为数字人配音等领域带来了前所未有的创作拓展性。

在视频与动画制作领域，AI 同样大放异彩，能够自动生成视频内容。以 Runway AI 为例，其提供的文本驱动视频生成功能，为影视、广告等行业提供了快速制作高质量视觉作品的得力助手。同时，AI 还能进行自动视频剪辑与风格转换，使得艺术创作过程更加智能化、高效化。

AI 的迅猛发展，让创意与数字艺术变得更加触手可及，使得更多非专业人士也能轻松涉足艺术创作领域，享受创作的乐趣。而对于专业艺术家而言，AI则成为了他们手中强大的辅助工具，助力他们不断突破创作瓶颈，探索更加广阔的艺术天地。

9.1 AI 与创意内容生产

9.1.1 文学创作与剧本编写

人工智能正在改变文学创作的方式，为作家、剧本创作者提供高效的辅助工具。AI 能够生成小说、短篇故事、诗歌，甚至完整的电影剧本，提升创意写作的效率。AI 在文学创作中的核心应用如下：

1. 文本生成：如 DeepSeek、ChatGPT、Claude 这类 AI 模型可以根据用户提供的主题、关键词生成完整的故事或文章。

2. 风格模拟：AI 可模仿特定作家的写作风格，生成类似作品。例如，GPT-4 可以模仿莎士比亚的写作风格创作诗歌。

3. 写作辅助：AI 可帮助作家润色文本、调整句型，提高文本流畅度。

比如，OpenAI 的 ChatGPT 曾被用于生成科幻小说的初稿，后经人类作家修改完善。AI 还被 Netflix 用于分析热门剧本结构，优化内容创作策略。

示例

> ✧ **低引导力提示词**
>
> 请以科幻风格撰写一篇 500 字的短篇故事，主题为"人类首次接触外星文明"。

分析中……

1. 需明确"科幻风格"描述：未说明具体风格（如硬科幻、软科幻、赛博朋克、太空歌剧等），易导致生成内容偏离预期。

2. 应提供叙事要求：未指定视角（如第一/三人称）、叙事风格（如悬疑、悲剧）、情节结构（线性、倒叙、开放结局），影响故事连贯性。

3. 需限定科技背景：未说明时间设定（近未来／远未来）与科技水平（现实＋幻想、纯虚构等），可能影响逻辑清晰度。

4. 应限定外星文明设定：未指明外星文明属性（友好／敌对／中立）、形态（类人、机械、能量体等），设定模糊影响故事独特性。

5. 需指定创意亮点：缺乏对哲学思考、伦理冲突或探索冒险等方向的指引，仅提"人类首次接触"不够具体，限制创新空间。

> **高引导力提示词**
>
> 请以硬科幻风格撰写一篇500字的短篇故事，主题为"人类首次接触外星文明"，并确保：
>
> 1. 叙事视角：采用第一人称，以宇航员日志的形式描述事件发展。
>
> 2. 科技背景：设定在2150年，人类刚刚掌握星际航行技术，探索太阳系外第一颗宜居星球。
>
> 3. 外星文明设定：外星种族为非碳基生物智慧体，科技远超地球人类，不使用语言进行交流。
>
> 4. 冲突与情节：故事围绕一次意外接触展开，人类探测器误入外星生物领地，引发紧张局势。
>
> 5. 哲学思考：结尾探讨"人工智能是否比人类更适合与外星智慧交流"。
>
> 请生成符合以上要求的故事。

9.1.2 数字艺术与设计创作

AI赋能数字艺术创作，使专业设计师和业余爱好者都能轻松生成高质量的视觉作品。AI在数字艺术中的核心应用如下：

1. AI图像生成：如可灵、即梦、Midjourney、Stable Diffusion、DALL·E可根据文本输入生成艺术作品。

2. 风格迁移：AI可以将一幅画的艺术风格应用到另一张图片上，如Prisma、DeepArt。

3. 智能设计辅助：Adobe Sensei等AI工具可自动调整色彩、优化构图，提高设计效率。

但 AI 生成图片一直存在争议。2022 年，一幅 AI 生成的艺术作品在科罗拉多州博览会上获奖，引发关于 AI 版权的讨论。

示例

> **低引导力提示词**
>
> 请生成一张未来主义风格的城市夜景插画。

分析中……

1. 应细化"未来主义风格"描述：未明确是乌托邦（高科技、明亮）还是赛博朋克（Cyber punk，霓虹、阴影）等具体风格，可能导致生成风格偏差。
2. 需明确城市夜景的具体特点：未说明建筑样式（如摩天楼、悬浮建筑、生态结构）与交通方式（飞行汽车、磁悬浮、全息广告等），影响画面细节丰富度。
3. 应限定插画风格：未来主义可包含 3D 渲染、赛博朋克插画、极简概念、数字绘画等多种风格，缺乏限定可能造成风格不统一。

> **高引导力提示词**
>
> 请生成一张赛博朋克风格的未来城市夜景插画，满足以下要求：
> 1. 城市特点：高耸摩天大楼，全息广告悬浮在空中，街道充满霓虹灯光。
> 2. 交通元素：飞行汽车穿梭在夜空，磁悬浮列车行驶在高架轨道上。
> 3. 色彩基调：冷色调（蓝色、紫色、青色），增强科技感和神秘氛围。
> 4. 插画风格：数字绘画风格，细节丰富，营造立体光影效果。
> 5. 视角设定：从高空俯视，展现整座城市的未来感与繁华程度。
>
> 请确保插画充满未来科技感，并具有沉浸式视觉冲击力。

9.1.3 AI 音乐创作与音频合成

AI 使音乐创作更加智能化，帮助音乐人和音频工程师高效生成作品。AI 在音乐创作中的核心应用如下：

1. AI 作曲：AIVA、Jukebox、Suno 等 AI 可自动生成不同风格的音乐。

2. 智能混音：AI 能自动调整音轨，使音频更加平衡。

3. AI 语音合成：DeepSeek-TTS、ElevenLabs 可用于数字人配音、AI 歌声合成。

比如，AI 生成音乐已被用于电影、游戏配乐，如 AIVA 生成的交响乐。AI 歌曲合成被用于 VTuber、虚拟偶像领域，如 Vocaloid 技术。

示例

> **◇ 低引导力提示词**
>
> 请生成一首 90 秒的电子舞曲风格旋律。

分析中……

1. 需明确音乐风格：EDM（电子舞曲风格）包含多种子风格（如 House、Trance、Techno、Dubstep 等），每种在节奏、结构、BPM（拍子数）、合成器使用上差异明显，需明确具体类型。

2. 需指定 BPM 和情绪基调：未提供节奏范围（如 120—130BPM 为 House 常用）及情绪方向（如激昂、梦幻、放松），影响旋律风格匹配度。

3. 应给出结构性指引：未说明是否分段（如 Intro、Hook、Drop）或需保持统一节奏；未指明关键元素需求（如 Bassline、Lead Synth、Pad 等），影响音乐层次与完整性。

> **⚙ 高引导力提示词**
>
> 请生成一首 90 秒的电子舞曲旋律，并确保以下特点：
>
> 1. 风格选择：Future Bass 风格，具有强烈的情感起伏和合成器扫频效果。
>
> 2. 节奏设定：节拍数设定在 140，鼓点节奏层次分明，适合舞池氛围。
>
> 3. 旋律结构
>
> • 前 30 秒：渐进式铺垫（缓慢进入主旋律，带有 Pad 和温暖和弦）。

> - 31—90 秒：进入高能阶段，带有强劲的低音线条和主弦合成，形成高潮部分。
>
> 4. 声音设计：采用富有冲击力的合成器音色（Saw Lead）、背景 Pad 和渐进鼓点。
>
> 5. 氛围设定：希望旋律传递梦幻且充满能量的感觉，适用于派对或电子音乐节场景。
>
> 请确保旋律富有层次感，并符合电子舞曲的流行趋势。

9.1.4 动画与视频制作

AI 让动画和视频制作更加高效，并降低了创作门槛。AI 在视频制作中的核心应用如下：

1. 文本生成视频：Runway AI、Synthesia 可将文本脚本转换为视频。

2. 自动剪辑：AI 可智能分析素材，自动剪辑成短视频。

3. 深度伪造技术（Deepfake）：AI 可合成逼真的人物形象，用于影视特效或虚拟主播。

现在，Runway AI 被用来生成创意短视频，提高品牌宣传效率。AI 自动剪辑技术被广泛用于短视频平台，如抖音。

示例

> ✧ **低引导力提示词**
>
> 请创建一段 30 秒的 AI 生成动画，主题为"未来世界探索"。

分析中……

1. 需细化"未来世界探索"主题：未来设定未明（赛博朋克、乌托邦、AI 统治等），也未指明是人物冒险还是场景探索，影响剧情聚焦。

2. 应定义动画风格：未说明是 2D、3D、手绘、写实、科幻风等，也未明确视觉层次（如 low-poly 还是 CG 电影级风格）。

3. 需提供动画内容结构：30 秒动画未设定结构流程（如开场设定、中段探索、结尾反转），影响剧情节奏与完整性。

4. 应明确动画技术要求：未指明使用工具（如 Runway、Pika Labs 等），也未说明是否需配音、背景音乐、字幕等多媒体要素。

> **高引导力提示词**
>
> 请创建一段 30 秒的 AI 生成动画，主题为赛博朋克风格的未来世界探索，并确保以下特点：
>
> 1. 风格设定
>   - 3D 写实风格（类似《银翼杀手》视觉效果）或 2D 复古未来主义（类似《爱，死亡和机器人》）。
>   - 氛围：充满霓虹灯、机械生物、飞行汽车、AI 统治的城市景象。
> 2. 动画结构
>   - 前 5 秒：展示未来世界的宏伟景观（俯瞰城市、天空飞行器）。
>   - 中间 20 秒：一位 AI 探险者进入未知区域，发现神秘遗迹或 AI 生命体。
>   - 最后 5 秒：意外事件或剧情转折（如 AI 生命体向人类传递重要信息）。
> 3. 技术要求
>   - 适用于 AI 生成动画工具（如 Runway、Pika Labs、Kaiber）。
>   - 支持高清格式（1080P 及以上）。
>   - 可选：配有 AI 旁白解说或背景音乐。

9.2 媒体与娱乐行业的应用

9.2.1 视频与音频内容生成

AI 可帮助媒体公司快速生成高质量的音视频内容。它的核心应用如下：

1. AI 配音：新闻主播、视频解说可由 AI 语音生成。
2. 自动字幕：AI 可实时生成字幕，提高可访问性。
3. 内容增强：AI 可优化画质、调整音效，提高用户体验。

比如，中美都有电视台尝试使用AI自动生成新闻视频，提高报道效率。而AI自动生成的广告视频已被广泛用于电商直播。

示例

> **✧ 低引导力提示词**
>
> 请为一条60秒的科技新闻视频生成AI配音稿。

⊗ 分析中……

1. 需明确新闻主题和内容方向：未说明科技新闻领域（如AI、新能源、航天、芯片等），可能导致生成内容偏离实际需求。
2. 应指明配音稿风格和语气：未说明是正式权威型（如央视/BBC）还是轻松解读型（如科技博主）；未明确是否采用新闻主播或科普口吻。
3. 需提供配音时间限制：未设定时长要求（如60秒内），可能导致内容过长或过短；未考虑语速对字数影响（正常语速约120—150字/分钟）。
4. 应提及目标受众：未说明受众是专业人士或大众群体，语言表达方式将因此有所不同（专业术语vs通俗易懂）。

> **⚛ 高引导力提示词**
>
> 请为一条60秒的科技新闻视频生成AI配音稿，并确保符合以下要求：
>
> 1. 新闻主题：请选定（人工智能/新能源/航天/5G/芯片等）领域的热点新闻。
>
> 2. 配音风格
>
>   ·正式权威版（类似央视新闻、BBC口吻）。
>
>   ·轻松解读版（类似短视频科技播报风格）。
>
> 3. 字数控制：保持130—150字，适应60秒语速（正常语速120—150字/分钟）。
>
> 4. 目标受众
>
>   ·专业人士版（使用专业术语，数据分析深入）。

・普通观众版（减少术语，增加通俗表达）。

5. 可选 AI 配音工具（如适用于 ElevenLabs、DeepSeek-TTS、豆包语音合成等）。

9.2.2 游戏设计与互动娱乐

AI 在游戏行业推动了个性化体验与内容生成。其核心应用有：

1. 游戏剧情生成：AI 可创建动态叙事，提高游戏沉浸感。

2. 智能 NPC（非玩家角色）：AI 赋予游戏角色更自然的互动能力。

3. 自动关卡设计：AI 可创建随机地图，提高可玩性。

比如，AI 生成的游戏、剧情、关卡、世界和任务被用于开放世界游戏中，提高了生产效率。

示例

> ✧ **低引导力提示词**
>
> 请生成一段适用于 RPG 游戏（角色扮演游戏）的任务剧情。

分析中……

1. 需任务剧情的细节：未说明任务类型（主线、支线、世界观任务等），可能导致剧情方向偏离游戏设计需求。

2. 应提供游戏背景设定：未提供世界观（如奇幻、科幻、赛博朋克、末世等），易造成剧情与设定不符。

3. 需指定任务目标与任务模式：未明确任务属于战斗、解谜、护送或探索等类型，影响剧情构建逻辑。

4. 未定义角色设定：未说明任务围绕的角色类型（如勇者、反派、赏金猎人等），角色背景不明降低剧情可玩性。

5. 缺少剧情风格与情感基调：未说明剧情风格（紧张、幽默、沉浸式等），情绪氛围模糊易影响输出效果。

高引导力提示词

请生成一段适用于 RPG 游戏的任务剧情,并确保符合以下要求:

1. 任务类型:设定为(主线任务 / 支线任务 / 探索任务 / 解谜任务 / 战斗任务)。

2. 游戏世界观:背景设定在(魔幻 / 赛博朋克 / 末世生存 / 中世纪幻想),需符合该世界观逻辑。

3. 任务目标:玩家需要(寻找圣剑 / 拯救 NPC/ 解除诅咒 / 战胜敌人)。

4. 角色设定:主角为(勇者 / 赏金猎人 / 叛军领袖 / 失落王国的王子),并结合角色背景撰写剧情。

5. 剧情风格:采用(紧张刺激 / 史诗沉浸 / 诙谐幽默 / 黑暗幻想)的叙事方式。

6. 分支选择(可选):剧情可包含多种玩家决策分支,影响后续发展。

第十章
DeepSeek：旅游出行与全球化交流

人工智能（AI）在旅游出行与全球化交流领域正发挥着举足轻重的作用，它不仅显著提升了出行的便利性，优化了旅行体验，还极大地促进了跨文化的沟通与交流。

在智能旅行规划方面，除了 DeepSeek 之外，AI 旅行助手（诸如飞猪、程心 AI 等）凭借其强大的数据分析能力，能够依据用户的个人偏好、预算限制、天气状况以及实时数据，为用户智能推荐最为合适的旅行路线、酒店、航班以及景点。此外，AI 还能深入挖掘历史数据，精准预测未来机票和酒店的价格走势，从而助力用户做出更为经济、实惠的旅行决策。

在多语言翻译与跨文化交流领域，AI 翻译工具（如百度翻译、DeepL 等）以其高效、准确的翻译能力，支持实时语音和文本翻译，使得不同语言的旅行者能够毫无障碍地进行沟通。而 AI 同声传译技术（如 InnAIO AI、腾讯翻译君、百度 AI 同传等）更是在国际会议、旅游行业等场合得到了广泛应用，为跨文化交流搭建了一座坚实的桥梁。

在智慧景区与个性化导游服务方面，AI 驱动的虚拟导游（如 AR/VR 讲解系统、智能语音助手等）以其生动、形象的解说方式，为游客提供沉浸式的景点体验。同时，它们还能结合用户的兴趣点，为用户推荐最为合适的游览路线。除此之外，AI 还能助力景区预测游客流量，优化管理策略，从而进一步提升游客的旅行体验。

通过智能化、多语言以及个性化的服务，AI 正让旅游出行变得更加便捷、高效，同时也为全球文化和商业交流的发展注入了新的活力。

10.1 智慧旅游与智能出行

10.1.1 行程规划与推荐

人工智能极大地提升了旅行规划的智能化和个性化，使用户能够高效制定行程，并优化旅行体验。AI 在行程规划中的核心应用有：

1. 智能行程推荐：AI 旅行助手可根据用户的兴趣、预算、天气情况和历史出行记录，生成个性化的旅行计划。

2. 价格预测：AI 通过分析历史数据和市场趋势，预测未来机票和酒店价格，帮助用户在最佳时间购票。

3. 动态行程调整：AI 可根据实时天气、航班延误、交通状况自动调整行程，提供最优替代方案。

比如，Expedia 利用 AI 进行个性化推荐，使用户预订酒店和航班的转化率提高了 20%。Hopper 采用 AI 预测未来航班价格，帮助用户提前锁定最佳折扣。

> 示例

> ✧ 低引导力提示词
>
> 请根据以下目的地（巴黎、罗马、伦敦）和预算（2000 美元）生成一份 7 天旅行计划。

> ✧ 分析中……
>
> 1. 应明确预算范围与支出细节：虽提及 2000 美元预算，但未说明是否包含机票、住宿、餐饮、交通等，易导致预算分配不合理。
> 2. 需指定旅行风格或偏好：未说明是自由行、奢华游、背包客等，可能造成

旅行计划与个人需求不符。

3. 应明确每日行程安排的结构：缺乏具体日程安排（如景点顺序、交通方式、推荐餐厅），降低实用性。

4. 需增加数据支持或个性化推荐：未结合用户兴趣、节庆活动、优惠政策等实际因素，内容可能过于泛泛。

5. 需确保旅行时间与季节匹配：未说明出行季节，不同季节对行程体验影响显著（如夏季与冬季的巴黎差异）。

> **高引导力提示词**
>
> 1. 基础优化版
>
> 请在 2000 美元预算内制定一份 7 天的欧洲旅行计划（目的地：巴黎、罗马、伦敦），预算需涵盖机票、住宿、餐饮、景点门票和交通费用。请提供每日详细行程安排，包括景点、餐厅、交通方式推荐，以及预估费用。
>
> 2. 个性化优化版（背包客）
>
> 请制定一份适合背包客的 7 天欧洲旅行计划（目的地：巴黎、罗马、伦敦），预算 2000 美元，包含住宿（经济型青旅）、交通（公共交通）、餐饮（平价美食）和景点推荐。请按照每天上午、下午和晚上的活动安排详细列出行程，并附上大致费用。
>
> 3. 基于数据的优化版
>
> 请基于 2024 年最新旅游趋势和 TripAdvisor 高评分景点，制定一份适用于 7 月的 7 天旅行计划（巴黎、罗马、伦敦）。预算 2000 美元，需涵盖住宿、交通、景点门票、餐饮，并提供推荐景点评分。

10.1.2 翻译与跨文化交流

AI 语言技术消除了语言障碍，使全球旅行和国际交流更加顺畅。AI 翻译技术的核心应用有：

1. 实时语音翻译：科大讯飞、谷歌翻译、DeepL 和 ChatGPT 可实现即时语音和文本翻译。

2. 同声传译：AI 会议翻译工具（如 Meta AI、微软翻译）被广泛应用于国际会议和跨文化商务沟通。

3. 智能语音助手：AI语音助手（如Siri、谷歌助手）可提供旅行建议、翻译短语，并辅助跨文化交流。

示例

> ✧ **低引导力提示词**
>
> 请将以下中文旅行指南翻译成法语，并优化表述以适合当地游客。

分析中……

1. 需明确翻译的风格、语气和目标受众：未说明"优化表述"具体方式；"适合当地游客"可指地道用语、文化参考调整、宣传语气适配等，缺乏清晰指引。

2. 应确定翻译是否需要本地化调整：未说明是否需调整餐饮推荐、交通信息、风俗表达以适配法国游客文化认知。

3. 应细化"优化表述"的具体要求：未明确是增强吸引力、突出重点，还是简洁自然，易影响翻译风格一致性。

4. 需确保适应不同类型的游客：未说明受众群体（如普通游客、商务人士、背包客等），可能导致内容定位不精准。

5. 应指定翻译格式与输出结构：未说明是否保持原章节结构（如"景点介绍""美食推荐"），或采用列表、表格、段落等格式，易影响实际应用效果。

> ❖ **高引导力提示词**
>
> 请将以下中文旅行指南翻译成法语，并优化表述，以适合法国游客。请确保：
>
> 1. 使用流畅、自然的法语表达，避免直译，使内容更符合当地阅读习惯；
>
> 2. 调整文化适配，转换货币单位（欧元）、距离单位（公里）、时间格式，并优化推荐内容（如适合法国游客的美食和交通方式）；

3. 按不同目标受众优化内容：

・普通游客：重点介绍主要景点和地道美食；

・高端游客：推荐高端酒店、米其林餐厅和商务旅行选项；

・背包客：突出预算旅行选择、青年旅社和公共交通信息。

4. 输出格式清晰，保留原文的章节结构（如"景点推荐""美食介绍""交通指南"），并以列表或表格形式呈现关键信息。

10.1.3 出行安全与紧急情况处理

AI 可提高旅行安全性，帮助用户应对突发状况。AI 在出行安全中的核心应用有：

1. 智能安全提醒：AI 可分析社交媒体和新闻数据，实时推送目的地安全状况。

2. 紧急救援支持：AI 语音助手可在紧急情况下提供翻译、导航至最近的医院或警局。

3. 反诈骗检测：AI 能识别旅游陷阱，如虚假票务、诈骗广告，并提供预警。

比如，Uber 采用 AI 监测行车路线，确保乘客安全，并提供紧急报警功能。AI 诈骗检测系统帮助航空公司识别假票，提高安全性。

示例

> **◇ 低引导力提示词**
>
> 请为一款旅游安全 AI 应用设计一套实时安全警报系统。

分析中……

1. 需明确安全警报系统的具体目标："实时安全警报系统"未限定侧重点（如自然灾害、治安、交通等），易导致系统设计泛化。

2. 应指定数据来源与分析范围：未说明数据来源（如政府公告、社交媒体、新闻、用户反馈等），影响系统可操作性与数据可靠性。

3. 需细化警报触发机制：未定义警报触发逻辑，缺乏优先级区分机制，难以判断信息是否构成真实威胁。

4. 应设计用户通知方式：未说明用户接收警报的方式（如推送、短信、语音），忽略旅游场景下的实用性需求（如离线通知、即时弹窗等）。

5. 需增加 AI 预测与预警能力：未利用历史数据进行风险预测，错失提前预警高风险区域的能力（如基于犯罪数据预测夜间高风险地段）。

高引导力提示词

请为一款旅游安全 AI 应用，设计一套实时安全警报系统，并确保：

1. 警报类别：

    - 社会治安（抢劫、高风险区域预警）；

    - 自然灾害（地震、台风、洪水）；

    - 健康风险（疫情、食物安全问题）。

2. 数据来源：

    - 官方公告（政府旅游警告、世界卫生组织）；

    - 社交媒体（微博、X/Twitter、Facebook）；

    - 新闻数据（谷歌新闻、BBC、CNN）。

3. 警报触发机制：

    - 设定警报等级（绿色：低风险，橙色：中风险，红色：高风险）；

    - AI 结合 NLP（自然语言处理）和社交媒体情绪分析，自动识别安全事件。

4. 用户通知方式：

    - 实时 App 推送通知；

    - 短信警报（仅限高风险警报）；

    - 语音播报（适用于步行导航模式）。

5. 预测功能：

    - AI 基于历史犯罪数据预测高风险区域；

    - 结合天气数据提前 48 小时预警自然灾害。请详细描述该系统的架构设计、警报生成逻辑，以及如何优化用户体验。

10.2 全球化与智能沟通

10.2.1 国际贸易与跨境电商应用

AI 在国际贸易和跨境电商领域提高了运营效率，推动全球化商业发展。AI 在国际贸易中的核心应用有：

1. 智能供应链管理：AI 预测市场需求，优化跨境商品调度。
2. 跨语言客服：AI 机器人可实时处理客户咨询，提高交易效率。
3. 动态定价：AI 根据市场趋势、汇率变化自动调整产品价格。

比如，阿里巴巴利用 AI 进行智能翻译，提高跨境交易的成功率。亚马逊采用 AI 进行个性化推荐，使其电商销量在疫情期间增长 37%。

> **示例**
>
> ✧ 低引导力提示词
>
> 请为一家跨境电商平台撰写一份 AI 供应链优化方案。

> **分析中……**
>
> 1. 应明确供应链优化的核心目标："AI 供应链优化方案"未指出重点（如库存管理、物流、预测、成本控制等），易导致方案泛化、缺乏针对性。
> 2. 需指定数据来源与分析范围：未说明是否使用历史销售、物流跟踪、供应商或市场数据，缺乏数据支撑将影响方案的实用性和可执行性。
> 3. 应细化 AI 技术在供应链中的应用：未指明采用的 AI 技术（如机器学习、NLP、计算机视觉、自动化调度），输出方案可能过于笼统。
> 4. 需设定优化方案的评估指标：未定义效果衡量标准（如库存成本、物流效率、履约率），不利于方案落地与迭代优化。
> 5. 应明确方案适用的跨境电商业务类型：未说明是否面向 B2C、B2B 或 C2C 模式，难以匹配不同商业模式的实际需求。

> ✳ **高引导力提示词**
>
> 请撰写一家跨境电商平台的 AI 供应链优化方案,重点优化以下环节:
>
> 1. 需求预测(基于历史销售数据,优化库存管理);
>
> 2. 库存管理(减少缺货和库存积压,提高库存周转率);
>
> 3. 物流智能调度(优化跨境运输路线,降低物流成本)。
>
> 请确保方案包含以下内容:
>
> 1. 数据来源(销售数据、库存数据、物流跟踪数据);
>
> 2. AI 技术应用(机器学习、计算机视觉、强化学习);
>
> 3. 业务模式适配(适用于 B2C 电商的海外仓直邮模式);
>
> 4. 评估指标(KPI)(订单履行率 ≥ 98%、库存周转率 ≤ 30 天、物流成本降低 15%)。请提供实际案例分析,说明 AI 供应链优化的商业价值。

10.2.2 跨文化团队沟通与协作

AI 在全球企业和跨文化团队管理中扮演着关键角色。AI 在跨文化沟通中的核心应用有:

1. 智能翻译会议:AI 同步翻译工具使跨国会议沟通更高效。

2. 多文化敏感性分析:AI 可检测不同文化背景下的表达方式,优化沟通策略。

3. 虚拟协作助手:AI 结合 Zoom、Slack(云视会务、即时通讯)等平台提高远程团队协作效率。

比如,谷歌会议采用 AI 实现多语言字幕,提高全球企业会议效率。

示例

> ✧ **低引导力提示词**
>
> 请撰写一份 AI 在远程团队沟通中的应用分析报告。

分析中……

1. 需明确 AI 在远程团队沟通中的应用范围:未说明应用场景(如会议、消息、协作、任务管理等），可能导致报告内容泛泛，缺乏聚焦。

2. 应指定数据来源与分析维度：未说明应基于哪些数据（如市场研究、用户反馈、技术性能对比等），影响报告的数据支撑与可行性。

3. 需细化 AI 技术在远程沟通中的应用：未说明所涉技术（如 NLP 会议摘要、计算机视觉对焦、ML 情绪分析等），导致应用层次不清晰。

4. 应设定评估指标：未提供衡量效果的指标（如沟通效率、任务执行速度、翻译准确率等），难以评估 AI 应用成效。

5. 需结合 AI 远程沟通的挑战与未来趋势：未涉及潜在问题（如隐私、文化差异、技术依赖等），影响报告深度与前瞻性。

> **高引导力提示词**
>
> 请撰写一份 AI 在远程团队沟通中的应用分析报告，并确保包含以下内容：
>
> 1. AI 在不同沟通环节的应用（如视频会议、即时消息、跨文化翻译、任务管理）。
> 2. 关键 AI 技术（如 NLP、机器学习、计算机视觉）及其在沟通中的作用。
> 3. 数据支持（如引用市场研究、用户反馈、AI 工具性能对比）。
> 4. 评估指标（如会议效率提升、翻译准确率、任务完成时间）。
> 5. 潜在挑战（如数据安全、技术依赖）及未来发展趋势。请结合实际案例分析 AI 如何优化远程团队沟通，并提供定量和定性分析。

10.2.3 AI 助力国际关系与商务谈判

AI 通过数据分析和语言处理技术，提高外交谈判和商务交流的效率。AI 在国际关系中的核心应用有：

1. 自动翻译外交文件：AI 能快速翻译和优化外交文件，使沟通更精准。

2. 情报分析：AI 分析国际局势，为政策制定提供决策支持。

3. 智能谈判助手：AI 结合谈判策略模型，提高商业谈判成功率。

示例

✧ **低引导力提示词**

请创建一个 AI 商务谈判助手模型，提高跨国合同谈判的成功率。

❀ **分析中……**

1. 应明确 AI 在商务谈判中的应用范围：未说明具体应用方向（如策略优化、法律分析、实时翻译、情绪识别、数据支持等），易导致模型设计泛化。

2. 需指定数据来源与分析维度：未说明应依赖的关键数据（如历史合同、市场趋势、法律法规等），影响谈判策略生成的精准性与实用性。

3. 应细化 AI 技术在商务谈判中的作用：未指明采用技术（如 NLP、机器学习、计算机视觉等），可能导致功能模块模糊不清。

4. 需设定评估指标：未提供衡量标准（如成功率提升、时间缩短、法律风险降低等），不利于评估模型效果。

5. 应考虑 AI 商务谈判助手的潜在挑战：未涉及 AI 在谈判中的局限性（如情感理解能力、文化适应性、数据隐私风险等），缺乏全面性分析。

❀ **高引导力提示词**

请创建一个 AI 商务谈判助手模型，确保：

1. 核心功能

   ・合同条款智能分析（自动识别风险条款，提供修改建议）。

   ・情绪识别与谈判策略优化（基于对方语言和肢体语言分析）。

   ・实时语言翻译（支持多语言商务谈判）。

   ・数据驱动谈判（整合市场数据，提高谈判精准度）。

2. 技术支持

   ・NLP 解析合同文本，生成谈判策略。

   ・机器学习分析历史谈判数据，优化谈判方案。

   ・计算机视觉识别人类情绪，提高谈判成功率。

3. 数据来源

　　・国际合同数据库（确保符合法律要求）。

　　・竞争对手市场分析（优化价格谈判策略）。

　　・过往谈判数据（提高预测准确度）。

4. 评估指标

　　・提高合同谈判成功率（目标 +20%）。

　　・缩短谈判时间（减少 30%）。

　　・降低法律风险（减少合同纠纷 15%）。

5. 潜在挑战与应对策略

　　・文化差异适配。

　　・数据隐私保护措施。

　　・AI 误判风险及人工干预机制。请描述该模型的实现原理，并提供应用案例。

第十一章
DeepSeek：健康、心理与社交互动

人工智能（AI）在健康、心理支持与社交互动领域的应用正呈现出蓬勃发展的态势，其深度融入个人生活的各个方面，助力人们提升健康管理能力、改善心理状态，并极大地丰富了社交体验。

在健康管理领域，AI 技术通过智能可穿戴设备（诸如苹果手表、小米手环等）实现了对用户心率、血压、睡眠质量等关键健康数据的实时监测。结合大数据分析技术，AI 能够为用户提供精准且个性化的健康建议，助力用户更好地管理自身健康状况。此外，AI 在医疗诊断方面也发挥着重要作用，例如 IBM Watson 能够深入分析医学影像和电子病历，显著提高疾病检测的精准度，为医疗工作者提供有力的辅助支持。

在心理健康支持方面，AI 驱动的心理咨询助手（如豆包、Replika 等）以其自然语言交互能力，成为用户管理情绪、缓解焦虑和压力的有效工具。这些助手能够与用户进行深入的对话，理解其情感需求，并提供针对性的心理疏导建议。同时，AI 语音分析技术还能够识别用户语音中的情绪特征，进一步为用户提供更加精准的心理支持。

在社交互动领域，AI 技术同样展现出其强大的潜力。通过智能匹配社交平台（如 Tinder、Soul 等），AI 能够深入分析用户的兴趣和行为模式，实现更加精准的匹配，提高社交效率。此外，AI 助手（如 DeepSeek 等）在增强社交对话

体验方面也发挥着重要作用。它们能够与用户进行自然流畅的对话，帮助用户提升沟通技巧，甚至在某些情况下，成为用户的陪伴者和情感支持者。

AI 技术以其数据驱动的方式，使健康、心理和社交互动变得更加智能化、个性化。它不仅能够为用户提供更加精准、有效的支持，还能够助力用户更好地管理身心健康和社交关系，实现更加全面、高质量的生活体验。

11.1 健康管理与医疗咨询

11.1.1 健康评估与生活习惯管理

AI 在健康管理领域的应用，使个体能够更精准地监测自身健康状况，并优化生活习惯。AI 结合可穿戴设备、大数据分析和机器学习，为用户提供个性化的健康评估和生活方式建议。AI 在健康评估中的核心应用有：

1.智能健康监测：智能手环和手表可以实时监测心率、血压、血氧、步数和睡眠质量。

2.生活方式分析：AI 结合用户数据分析作息规律、运动习惯，并提供改善建议。

3.个性化健康提醒：AI 通过数据趋势分析，预测健康风险，如高血压、心脏病等，并提供预防方案。

比如，华为手环利用 AI 评估运动员的恢复状态，帮助优化训练方案。Keep 结合 AI 计算每日卡路里摄入量，并提供膳食建议。

示例

> ◇ 低引导力提示词
>
> 请根据以下用户健康数据（步数、睡眠时长、心率）生成一份个性化健康评估报告。

> **分析中……**

1. 应明确健康评估的范围与指标：仅含步数、睡眠、心率，指标不全面；缺少如血氧、体重、血糖、压力等关键数据；时间范围不明（如7天、30天）；未引用WHO（世界卫生组织）、CDC（［美国］疾病控制与预防中心）等标准，影响可信度。
2. 需细化数据分析方式：未说明是日均值统计还是趋势分析；未结合健康风险评估，可能仅生成静态数据对比，缺乏洞察力。
3. 应适配不同人群：未考虑用户年龄、生活方式等特征，AI可能基于统一标准输出，导致建议不精准。
4. 需设定输出格式，提高可读性：报告结构不明，易冗长或混乱；缺乏图表、趋势图等可视化呈现，影响直观理解。
5. 应考虑AI生成内容的局限性：AI不具医学诊断资格，提示词未提醒仅作建议参考，可能误导用户判断。

> **高引导力提示词**
>
> 请根据以下用户健康数据（步数、睡眠时长、心率、血氧、卡路里消耗）生成个性化健康评估报告，确保：
>
> 1. 数据时间范围：分析最近7天的数据趋势。
> 2. 健康标准：对比WHO指南，提供健康评分。
> 3. 健康风险评估：检测是否存在心率异常、睡眠不足等问题。
> 4. 个性化建议：根据用户目标（减重、提升耐力、改善睡眠）调整推荐方案。
> 5. 输出格式：提供结构化健康报告，包含数据表和趋势图。请注明AI仅供参考，不替代医学建议。

11.1.2 AI医疗辅助与慢病管理

AI在医疗诊断和慢病管理方面的应用提高了医疗服务的精准度，使患者可以更便捷地管理长期健康状况。AI在医疗辅助中的核心应用有：

1. 医学影像分析：AI可用于自动分析MRI、CT、X-ray影像，辅助医生诊断疾病（如肺癌、乳腺癌）。

2.慢病管理平台：糖尿病、高血压患者可通过 AI 预测疾病发展趋势，并获得个性化管理方案。

3.远程诊疗支持：AI 可实时分析患者数据，提供线上咨询，减少医院就诊负担。

比如，鹰瞳科技通过 AI 影像识别技术辅助医生早期诊断慢性病已在医疗机构中使用。微医平台帮助糖尿病患者实时监测血糖，并提供饮食和运动建议。

示例

> ✧ **低引导力提示词**
>
> 请分析以下医学影像数据，并提供 AI 预测的健康风险报告。

❀ 分析中……

1.应明确分析范围与数据来源：未说明影像类型（如 X 光、CT、MRI、超声）；未指定是否使用标准数据库（OBIA [中科院基因所数据库]）、是否预处理、有无对照数据，影响分析可靠性与适用性。

2.需细化健康风险报告的内容：未定义风险报告结构，可能仅输出泛化结论；应包括疾病概率、风险评分、异常区域标注等内容，并提供 AI 预测置信度及与医生诊断一致性对比。

3.应考虑 AI 影像分析的局限性：未提示 AI 预测需医生二次确认，忽视假阳性/假阴性风险；未考虑数据质量、影像清晰度及个体差异对结果的影响。

4.需设定输出格式，提高可读性：报告可能结构混乱，缺乏图表支持；建议输出结构化内容，结合影像标注、风险评分图、预测与真实诊断对比图，增强直观性与可用性。

> ❀ **高引导力提示词**
>
> 请分析以下医学影像数据（请指定类型，如胸部 X 光、CT、MRI），并生成 AI 预测的健康风险报告，确保：
>
> 1.数据来源：基于标准医学数据库 OBIA。

2. AI 分析方式：使用 CNN 进行病变检测，并提供异常区域标注。

3. 健康风险评分：生成疾病可能性（如 0—100 评分）。

4. AI 预测可信度：提供置信区间，减少假阳性／假阴性风险。

5. 与医生诊断对比：确保 AI 预测具有医学可解释性。

6. 输出格式清晰

  ・健康评分

  ・异常区域标注（高亮显示病变区域）

  ・AI 预测 vs 医生诊断的对比

  ・进一步检查建议（如是否需要 MRI 复查）

7. AI 限制说明

  ・AI 预测仅供参考，不替代医生诊断。

  ・可能存在误判，建议结合医生评估。

  ・影像质量可能影响结果，建议结合更清晰影像复查。

注：使用这个提示词时需要提供你的影像资料

11.1.3 药物咨询与个性化医疗方案

AI 结合大数据分析和基因检测技术，提供精准的药物匹配和个性化治疗方案。AI 在个性化医疗中的核心应用有：

1. AI 药物匹配：AI 可分析患者基因信息，预测药物反应，提高治疗效果。

2. 智能药物咨询：AI 药师助手(如好医生)可分析处方，提醒患者按时服药。

3. 个性化医疗建议：AI 可根据病史、生活方式提供定制化治疗方案。

比如，DeepMind AI 通过蛋白质折叠预测（AlphaFold）加速新药研发。平安好医生，利用 AI 进行线上分诊，并提供个性化的健康管理方案。

为了让 AI 精准生成个性化肿瘤治疗方案，你需要提供：

1. 患者基因数据（EGFR、ALK、HER2、BRCA）。

2. 癌症类型和分期（乳腺癌、肺癌、胃癌 + 肿瘤 TNM 分期）。

3. 结构化治疗选项（靶向治疗、免疫治疗、化疗、副作用管理）。

4. 可视化生存率与疗效数据（不同方案的 5 年生存率对比）。

5. AI 限制说明（符合 NCCN/ESMO/ASCO 指南，仅供参考）。

示例

> **低引导力提示词**
>
> 请生成一份 AI 辅助的个性化肿瘤治疗方案，结合患者基因数据和病史分析。

分析中……

1. 需明确分析范围与数据来源："AI 辅助的个性化肿瘤治疗方案"未限定应用方向（如治疗方式选择、基因分析、病史评估）；数据来源不明，未指定所需生物标志物（如 BRCA1/2、EGFR）。

2. 应细化 AI 在治疗方案中的作用：未说明 AI 主要任务（如推荐靶向药物、预测治疗反应、管理副作用），易导致建议泛化，缺乏针对性。

3. 需适配不同类型肿瘤：未区分肿瘤类型（如实体瘤、血液肿瘤、脑瘤），不同疾病对应不同治疗路径，需明确适用范围。

4. 应设定输出格式，提高可读性：AI 输出可能为冗长文本，建议结构化呈现，并支持可视化图表（如基因突变与治疗匹配图、生存率对比、副作用预测等）。

5. 应添加 AI 适用性与局限性：未说明 AI 仅作辅助，不能替代医生决策；AI 可能基于通用数据推荐治疗，存在误导风险，需明确边界与责任。

> **高引导力提示词**
>
> 请生成 AI 个性化肿瘤治疗方案，确保：
>
> 1. 基于基因数据（EGFR、ALK、HER2、BRCA）提供个性化方案。
> 2. 适配不同癌症类型（乳腺癌、肺癌、胃癌等），并按分期提供治疗建议。
> 3. 提供结构化治疗建议（靶向治疗、免疫治疗、化疗、副作用管理）。
> 4. 生成可视化数据支持（生存率预测、治疗方案对比）。
> 5. 包含 AI 限制说明（此方案仅供参考，不替代医生建议）。
>
> 请确保方案符合卫健委指南。

11.2 心理健康与社交辅助

11.2.1 情绪管理与心理支持

AI 结合自然语言处理和情绪识别技术,为用户提供心理健康支持,帮助缓解压力和焦虑。AI 在心理健康中的核心应用有:

1. AI 心理咨询助手:豆包、Replika 通过对话分析情绪状态,并提供心理疏导建议。

2. 语音情绪分析:AI 可检测语音语调,判断情绪波动,并提供干预方案。

3. 正念训练与情绪调节:AI 冥想应用,结合数据个性化调整冥想方案。

比如,豆包通过 AI 对话缓解焦虑,95% 用户反馈情绪得到改善。AI 语音情绪检测用于企业 HR,帮助优化员工心理健康管理。

> **示例**

> **✧ 低引导力提示词**
>
> 请创建一个 AI 心理咨询聊天脚本,目标是帮助用户缓解焦虑。

> **❀ 分析中……**
>
> 1. 需明确 AI 心理咨询的作用范围:"AI 心理咨询聊天脚本"未说明具体功能模块(如情绪识别、焦虑管理、认知重构、危机干预),易导致内容泛化,缺乏实用性。
>
> 2. 应细化 AI 交互方式:未明确对话形式(如问答式、引导式、主动建议),可能导致交互缺乏针对性和层次感。
>
> 3. 需适配不同用户群体:未区分目标对象(如学生、职场人士、情绪障碍患者),可能导致建议未贴合用户实际情境。
>
> 4. 应设定输出格式,提高可读性:缺乏结构化格式(如"情境描述→用户输入→AI 反馈"),可能导致脚本逻辑混乱、难以使用。
>
> 5. 需添加 AI 适用性与局限性:未声明 AI 不具备医疗资质;未设立应对严重情绪危机的安全机制;未考虑数据隐私风险。

> **⚙ 高引导力提示词**
>
> 请创建 AI 心理咨询聊天脚本，确保：
>
> 1. 采用心理学理论（CBT［认知行为疗法］、正念训练）。
>
> 2. 适配不同焦虑程度（轻度、中度、重度）。
>
> 3. 针对不同人群提供定制化对话（学生、职场人士、长期焦虑者）。
>
> 4. 采用结构化格式（情境描述、用户输入、AI 反馈）。
>
> 5. 包含 AI 适用性说明（仅作情绪支持，不替代心理医生）。请生成 3 组不同风格的 AI 交互脚本（正式、亲切、幽默）。

11.2.2 AI 社交互动与人际关系管理

AI 在社交互动和人际关系管理方面，可辅助用户提升沟通技巧，并优化社交体验。AI 在社交互动中的核心应用有：

1. 智能社交匹配：Tinder、Soul 结合 AI 分析用户行为，提高匹配精准度。

2. 社交情境模拟：AI 可模拟对话场景，帮助社交焦虑者提升沟通能力。

3. AI 语音助手：AI 可辅助生成社交话题，提高交流流畅性。

比如，Facebook AI 通过深度学习优化好友推荐算法，提高 15% 用户互动率。AI 被应用于虚拟人（如小冰推出过 KOL 克隆人）互动，增强情感陪伴体验。

示例

> **✧ 低引导力提示词**
>
> 请创建一段 AI 生成的智能社交对话，帮助提升沟通技巧。

❀ 分析中……

1. 需明确社交对话的具体情境："智能社交对话"范围广泛，未说明应用场景（如日常交流、职场沟通、公开表达、社交焦虑训练），可能导致对话内容不贴切。

2. 应细化 AI 交互方式：未说明互动形式（如主动提问、引导式对话、个性化建议），影响练习的有效性和引导性。

3. 需适配不同用户沟通风格：未区分用户类型（如内向者、外向者、社交焦虑者），容易导致练习方式缺乏针对性。

4. 应设定输出格式，提高可读性：缺乏结构化呈现（如"情境描述→用户输入→AI 反馈"），可能影响学习效果和用户理解。

5. 需添加 AI 适用性与局限性：未提示 AI 无法替代真实社交经验，可能误导用户；AI 不适于处理复杂人际问题，且存在隐私记录泄露风险。

> **高引导力提示词**
>
> 请创建一段 AI 生成的智能社交对话，确保：
>
> 1. 适配不同社交情境（日常交流、职场沟通、商务谈判、社交焦虑管理）。
>
> 2. 提供沟通技巧训练（如倾听、提问、应对异议）。
>
> 3. 支持不同用户类型
>
> ・内向者（如何主动开启对话）。
>
> ・外向者（如何提升深度交流）。
>
> ・社交焦虑者（如何放松心态）。
>
> 4. 采用结构化格式（情境描述、用户输入、AI 反馈）。
>
> 5. 包含 AI 适用性说明（仅作社交训练，不替代真实沟通经验）。请生成 3 组不同风格的 AI 交互脚本（正式、亲切、幽默）。

注：上面的选项要根据具体情况去匹配

11.2.3 压力缓解与心理咨询

AI 结合数据分析、语言模型和情绪识别，提供压力管理和心理咨询服务。AI 在压力管理中的核心应用有：

1. AI 压力评估：AI 可分析语音、文本、心率数据评估用户压力水平。

2. 实时心理辅导：AI 可提供针对性放松训练，如冥想、呼吸调节。

3. AI 驱动的心理治疗辅助：结合 CBT（认知行为疗法）优化心理干预。

比如，谷歌 AI 研究表明，基于 NLP 的心理咨询 AI 能有效减少用户焦虑。AI 结合 VR 技术，为 PTSD（创伤后应激障碍）患者提供沉浸式治疗方案。

示例

> ✧ **低引导力提示词**
>
> 请创建一个 AI 辅助的减压冥想引导音频脚本。

> ⊗ **分析中……**

1. 需明确冥想引导的目标与风格:"减压冥想引导"未说明核心方向(如呼吸训练、正念、肌肉放松、视觉化引导),内容易泛化,难以满足特定需求。
2. 应细化 AI 语音引导的结构:未定义标准结构(如开场放松→引导过程→结束回归),可能导致音频引导缺乏节奏感与完整性。
3. 需适配不同用户群体:未区分用户类型(如职场人士、失眠者、焦虑患者),引导内容缺乏个性化。
4. 需设定输出格式,提高可读性:缺少结构化输出(如音频时间点、引导语、呼吸提示),影响实用性与音频制作效率。
5. 应添加 AI 适用性与局限性:未提示 AI 不具备心理治疗功能;可能误导冥想方法;涉及个性化数据时存在隐私风险。

> ✾ **高引导力提示词**
>
> 请创建一个 AI 辅助的减压冥想引导音频脚本,确保:
>
> 1. 适配不同冥想风格(呼吸训练、正念冥想、渐进式肌肉放松、视觉化冥想)。
> 2. 采用标准结构
>
>   ・开场(调整呼吸,放松心态)。
>
>   ・引导(深呼吸、身体扫描、正念练习)。
>
>   ・结束(缓慢唤醒,回归现实)。
>
> 3. 适配不同用户群体(职场人士、失眠者、焦虑患者)。
> 4. 提供个性化冥想选项(如白噪音 + 语音结合)。
> 5. 输出结构化格式(音频时间点、引导语、呼吸提示)。
> 6. 包含 AI 适用性说明(仅作放松训练,不替代心理治疗)。请提供不同音调建议(低沉 vs 轻柔语音),并生成数据可视化支持(如用户情绪趋势)。

第十二章
DeepSeek：食品与健康助手

AI正以前所未有的态势重塑食品与健康行业，在提升营养管理精准度、强化食品安全监测以及推动个性化饮食方案发展等方面发挥着关键作用。

在个性化营养管理领域，AI凭借强大的大数据分析能力，与可穿戴设备（如苹果手表、小米手环）深度融合，能够全方位考量用户的身体状况、活动水平以及健康目标，进而为用户提供量身定制的膳食建议。以薄荷健康和美柚这类应用为例，它们能够自动解析用户的饮食摄入情况，精准推荐契合个人需求的营养搭配，让每一餐都更加科学、健康。

在食品安全与质量监测方面，AI借助计算机视觉和机器学习技术，如同一位不知疲倦的"食品卫士"，能够敏锐地检测出食品生产过程中的污染物、细菌或有害物质。IBM Watson在食品检测领域的成功应用便是明证，它能够通过深入分析供应链数据，精准识别潜在的食品安全隐患。此外，AI还能对食品保质期进行准确预测，有效减少食品浪费，提升整个供应链的运作效率。

在智能食谱推荐与食品创新领域，AI展现出了惊人的创造力。它可以根据个人的口味偏好、过敏信息以及健康需求，生成独具匠心的个性化食谱。像Chef Watson这样的AI厨师，能够深入分析食材之间的搭配关系，创造出既新颖又健康的菜谱。与此同时，食品企业也借助AI的力量，研发出低热量、高蛋白的新食品配方，以更好地满足消费者对健康食品的迫切需求。

AI 以数据为驱动，不仅显著提升了食品安全水平，优化了健康饮食方案，更在推动食品行业的创新发展方面发挥着举足轻重的作用。

12.1 食品科技与营养管理

12.1.1 AI 食谱创作与饮食管理

AI 正在改变食谱创作和个性化饮食管理方式，帮助用户根据营养需求、口味偏好和健康目标生成优化的饮食方案。AI 在食谱创作中的核心应用有：

1. 个性化推荐：AI 结合用户健康数据、过敏信息和饮食习惯，生成定制化的健康食谱。

2. 智能搭配：AI 通过分析食材营养成分，优化食材组合，创造均衡饮食方案。

3. 食材替代建议：AI 可根据用户的可用食材，推荐合适的替代品，减少浪费。

比如，Chef Watson 通过 AI 生成创新菜谱，帮助厨师发现新的食材组合。海尔智能冰箱通过扫描用户冰箱内的食材，为其推荐个性化食谱。

示例

> ◆ **低引导力提示词**
>
> 　　请根据以下食材（鸡胸肉、胡萝卜、糙米）创建一份高蛋白低脂肪的 AI 生成食谱。

分析中……

1. 需明确食谱的营养目标："高蛋白低脂肪"定义宽泛，未区分健身、减脂、糖尿病等人群，难以精准满足不同营养需求。

2. 应细化食谱的结构：未指定配料量、详细步骤、口味调整与热量计算，AI 可能仅生成简略描述，缺乏完整食谱格式。

3. 需适配不同饮食方式：未说明是否需支持素食、生酮、地中海等饮食习惯，易导致食谱无法满足特定用户的饮食偏好。

4.应设定输出格式，提高可读性：未设定结构化格式（如食材清单、步骤编号、营养信息表），可能影响食谱的实用性与可读性。

5.需添加AI适用性与局限性：AI无法替代个性化营养建议，可能忽略过敏、慢性病等特殊需求；未考虑调味品、文化饮食差异等因素。

> **高引导力提示词**
>
> 请根据以下食材（鸡胸肉、胡萝卜、糙米）创建一份高蛋白低脂肪的AI生成食谱，确保：
>
> 1.适配不同目标人群（健身、减脂、糖尿病人群）。
>
> 2.提供详细的营养数据（每份蛋白质、脂肪、碳水化合物含量）。
>
> 3.采用标准化食谱格式
> - 配料表（含具体克数）。
> - 烹饪步骤（按步骤编号）。
> - 预计烹饪时间。
>
> 4.适配不同饮食方式（常规饮食、素食、低碳饮食）。
>
> 5.包含AI适用性说明（仅供参考，建议咨询营养师）。请提供数据可视化支持（如热量分布图、营养对比表）。

12.1.2 智能营养分析与健康饮食建议

AI结合大数据分析，帮助用户制定个性化营养计划，优化膳食结构。AI在营养分析中的核心应用有：

1.智能摄入追踪：AI可自动分析用户的每日饮食，并提供宏量和微量营养素摄入情况。

2.健康饮食评分：AI结合用户健康数据，评估饮食对身体的影响，并提供改善建议。

3.膳食优化：AI根据用户目标（减脂、增肌、改善肠道健康）提供具体的食谱调整建议。

比如，MyFitnessPal结合食品数据库，自动分析每日营养摄入情况。数字健康公司Nutrino通过血糖监测数据，为糖尿病患者提供个性化饮食建议。

> **示例**

> ✧ **低引导力提示词**
>
> 请分析以下用户的每日饮食数据,并生成个性化营养评估报告。

❀ 分析中……

1. 需明确分析范围与数据来源:"每日饮食数据"未说明格式与来源(如食物类型、数量、摄入时间等),未指定分析时间范围(日/周/月),影响评估准确性与全面性。

2. 应细化营养评估的标准:未定义对比标准(如WHO、中国人膳食健康指南),未区分人群差异(健身者、糖尿病患者、素食者),可能导致反馈模糊不精准。

3. 需提供结构化输出:缺乏营养分析结构(如摄入汇总表、推荐对比、优化建议),AI输出易混乱、不利于理解与执行。

4. 需设定优化建议的个性化维度:未说明应针对营养缺口提供定制建议(如缺铁→增加红肉,糖分高→降精制碳水),易导致建议流于表面。

5. 应添加AI适用性与局限性:未提示AI不能替代营养师,忽视个体健康背景(如过敏、慢性病等),存在误导风险。

> ❀ **高引导力提示词**
>
> 请分析过去7天的用户每日饮食数据,并生成个性化营养评估报告,确保:
>
> 1. 数据来源
>
>   · 手动记录(食物名称、克数)。
>
>   · 智能设备数据(健康追踪应用)。
>
> 2. 对比WHO和中国营养学会膳食健康指南,提供
>
>   · 每日总热量 vs 推荐热量;
>
>   · 蛋白质、脂肪、碳水摄入比例 vs 标准值;
>
>   · 微量营养素(铁、钙、维生素)摄入 vs 推荐值。

3. 结构化输出

- 每日摄入对比表。
- 7 天热量趋势图。
- 宏量营养素占比饼图。

4. 优化建议

- 缺乏蛋白质→推荐高蛋白食物。
- 糖分超标→推荐低 GI（血糖生成指数）食物。
- 提供可替代食物方案。

5. 包含 AI 适用性说明（仅供参考，建议咨询营养师）。

12.1.3 食品安全监测与追溯

AI 在食品安全检测和供应链管理方面，提升了食品安全性，确保消费者健康。AI 在食品安全中的核心应用有：

1. 智能检测污染物：AI 结合计算机视觉和光谱分析技术，检测食品中的微生物、重金属和农药残留。

2. 供应链追踪：AI 结合区块链技术，提供食品从生产到销售的可追溯系统。

3. 食品保质期预测：AI 通过温度、湿度和微生物数据，预测食品保质期，减少食品浪费。

比如，IBM Watson 通过 AI 识别食品供应链中的潜在污染源，降低食品召回风险。Clear Labs 利用 AI DNA 分析检测食品中的病原体，提高食品安全性。

示例

> ✧ **低引导力提示词**
>
> 请创建一套 AI 监测食品安全的系统，确保供应链透明度。

分析中……

1. 应明确监测范围与数据来源："食品安全监测"涉及污染物检测、供应链追溯、保质期预测等多维内容，但未说明是否通过区块链、IoT、CV（Computer Vision，计算机视觉）等实现，也未指定数据来源（如监管平台、传感器、召回记录），影响系统可实施性。

2. 需细化 AI 监测系统的技术架构：未说明系统架构（如数据收集层、分析层、决策支持层），也未定义识别机制（如用传感器预测、历史数据建模、图像识别食品变质），可能导致系统构建缺乏逻辑性与层次感。

3. 应设定食品安全监测的标准：未说明参考标准（如国家药品监督管理局、WHO、HACCP 食品安全保证体系），导致 AI 生成内容可能不符合行业或国家监管要求，限制全球适用性。

4. 需设定系统的输出格式：未指定输出形式（如实时报告、供应链追踪、异常警报），也未提及可视化需求（如评分系统、流程图），不利于提升结果的可读性与执行力。

5. 应添加 AI 适用性与局限性：未强调 AI 仅为辅助工具，可能出现误判、数据依赖、传感器误差等问题；AI 无法替代人工监管，监管机构也不会完全依赖 AI 作出最终决策。

高引导力提示词

请创建一套 AI 监测食品安全的系统，确保供应链透明度，并且：

1. 监测范围
   - 污染物检测（农药、重金属）。
   - 供应链追踪（区块链存储食品流转信息）。
   - 存储环境监测（IoT 传感器检测温湿度）。

2. 符合国际食品安全标准（中国国家药品监督管理局、WHO、HACCP）。

3. 结构化输出
   - 每日食品安全报告。
   - 供应链追踪可视化图。
   - 食品安全评分（1—100）。

4. 包含 AI 适用性说明（仅供参考，结合人工监管）。

12.2 健康科技创新

12.2.1 AI 在保健品开发与评估中的应用

AI 在保健品领域的应用，加速了新产品的研发，提高了营养品的精准匹配度。AI 在保健品开发中的核心应用有：

1. 新成分发现：AI 通过生物数据分析，发现有潜力的天然或合成营养成分。

2. 个性化推荐：AI 结合用户个人上传的基因、健康数据，提供定制化营养补充方案。

3. 临床数据分析：AI 通过大数据分析，优化保健品配方，提高功效和安全性。

比如，Brightseed AI 通过生物数据分析发现有益健康的天然成分。Persona Nutrition 结合 AI 分析用户健康状况，提供个性化营养补充建议。

示例

> ◆ **低引导力提示词**
>
> 请根据某用户的 DNA 数据推荐一款个性化保健品方案。

分析中……

1. 明确 DNA 数据的类别与适用性：未说明所需基因类型（如代谢、抗氧化、维生素吸收、心血管相关基因），也未说明 DNA 数据来源、是否基于 SNP（单核苷酸多态性）分析或特定健康目标，导致适用性模糊。

2. 细化 AI 推荐方案的逻辑：未明确推荐依据（如临床研究、营养基因组学、用户生活方式数据），也未引用科学指南（如 WHO、国家药品监督管理局、EFSA［欧洲食品安全局］），可能导致缺乏可信度。

3. 适配不同人群：未考虑人群差异（如老年人、运动员、孕妇），AI 可能提供通用建议，难以满足个体化需求。

4. 设定输出格式：未定义输出结构（如推荐清单、每日剂量、科学依据），可能造成信息杂乱，影响可操作性。

5. 添加 AI 适用性与局限性：未说明 AI 不可替代医生／营养师；存在误读 DNA 数据、个体差异大、不可用于诊断等风险，缺乏使用边界说明。

> **高引导力提示词**
>
> 请根据某用户上传的身体健康数据推荐一款个性化保健品方案，确保：
>
> 1. 基因类别：
>
>   ・代谢基因（MTHFR- 叶酸代谢）。
>
>   ・抗氧化基因（SOD2- 细胞抗氧化）。
>
> 2. 数据来源：
>
>   ・基因检测报告。
>
>   ・单核苷酸多态性（SNP）分析。
>
> 3. 适配不同人群（普通人、运动员、老年人）。
>
> 4. 结构化输出（保健品清单、每日摄入量、科学依据）。
>
> 5. 包含 AI 适用性说明（仅供参考，不替代医生建议）。

12.2.2 智能穿戴与实时健康监测

AI 结合智能穿戴设备，提供更精准的实时健康监测，提高个体健康管理能力。AI 在健康监测中的核心应用有：

1. 心率与血压监测：AI 结合智能手表，实时监测用户的心率变化，并提供异常预警。

2. 睡眠质量分析：AI 通过可穿戴设备的数据，评估睡眠质量，并提供改善方案。

3. 运动监测与健康评分：AI 结合步数、心率和卡路里消耗情况，提供健康评分。

比如，苹果手表结合 AI 预测心脏疾病，提高用户健康预警能力。Keep 手环通过 AI 生成个性化运动建议，提高锻炼效果。

示例

> **低引导力提示词**
>
> 请基于用户的智能手表数据生成一份 AI 生成的健康分析报告。

分析

1. 需明确健康分析的核心数据来源：未说明需分析的具体指标（如心率、血氧、睡眠、活动量、HRV［心率变异性］）；未指定手表品牌（如苹果手表、Keep 手环、华为等），可能导致数据格式不兼容；数据时间范围未定（7天、30天等）；未考虑数据误差来源。

2. 应细化 AI 生成的健康评估：未定义分析逻辑（如趋势识别、健康评分、异常检测）；缺乏评估标准（如是否参考 WHO、AHA［美国心脏协会］指南）；未说明是否提供健康建议或仅限数据分析。

3. 需适配不同用户群体：未说明评估对象（普通人群、运动员、老年人、慢性病患者），AI 可能输出通用结论，缺乏个性化分析。

4. 应设定输出格式：未定义输出结构（如趋势图、评分图、建议列表），影响报告清晰度与实用性；也未说明是否对比历史数据，难以体现健康趋势。

5. 需添加 AI 适用性与局限性：未说明 AI 不具备医疗诊断资质；需提醒用户智能手表数据存在误差；未提及如何避免医疗法律风险或建议结合医生意见。

高引导力提示词

请基于用户的智能手表数据生成一份 AI 生成的健康分析报告，确保：

1. 数据来源（心率、血氧、睡眠、运动）。
2. 健康评估（评分、趋势分析、异常检测）。
3. 适配不同用户群体（普通人、运动员、老年人）。
4. 结构化输出（图表、表格、对比分析）。
5. 包含 AI 适用性说明（不替代医生建议）。

12.2.3 AI 辅助体育训练与运动健康管理

AI 在运动健康管理中，提供个性化的训练计划和运动监测，提高运动效果。AI 在运动健康管理中的核心应用有：

1. 个性化训练方案：AI 结合用户体能数据，生成最佳训练计划。
2. 动作分析与纠正：AI 通过计算机视觉技术，分析运动姿势，提高训练效率。
3. 疲劳管理与恢复：AI 结合心率变异性和睡眠数据，优化恢复时间。

比如，WHOOP 结合 AI 监测运动员疲劳度，提高训练恢复效率。Keep 通过运动数据分析，优化跑步和骑行策略。

示例

> **◇ 低引导力提示词**
>
> 请创建一份 AI 生成的健身训练计划，目标是提高肌肉耐力。

❀ 分析中……

1. 应明确训练计划的关键变量：未说明训练对象（初学者 vs 运动员），缺乏训练参数（频率、强度、训练类型）；未说明是否需器械、自重训练或包含恢复策略（如拉伸、营养）。

2. 需细化肌肉耐力训练的科学依据：未指定训练方法（如低重量高重复、高强度间歇），也未基于权威指南，缺少评估方式来衡量训练效果。

3. 应适配不同健身目标：未区分训练目标（全身耐力 vs 特定肌群 vs 运动专项），AI 输出可能泛化，难以满足个性化需求。

4. 需设定输出格式：未定义训练计划结构（如日历化安排、训练对比表、动作演示视频），易导致输出不清晰、不易执行。

5. 应添加 AI 适用性与局限性：未声明 AI 不能替代教练；忽视运动损伤风险与个体差异；缺乏自我调整建议，可能误导用户。

> **❀ 高引导力提示词**
>
> 请创建一份 AI 生成的健身训练计划，目标是提高肌肉耐力，确保：
>
> 1. 适配不同训练人群（初学者、健身爱好者、运动员）。
> 2. 训练参数（训练周期、训练强度、自重 vs 负重）。
> 3. 科学依据。
> 4. 适配不同耐力训练目标（全身耐力、局部耐力、运动专项）。
> 5. 结构化输出（日历式训练计划、进度分析、视频示范）。
> 6. 包含 AI 适用性说明（训练计划仅供参考，建议结合专业指导）。

第十三章
AI 伦理、安全与未来发展

13.1 AI 伦理与安全问题

AI 技术的普及为社会带来了前所未有的便利，但也引发了严重的伦理与安全问题。这些问题集中在公平性、透明度、问责制以及数据隐私保护方面。

在公平性方面，AI 系统在招聘、金融服务及司法判决等敏感领域中的问题尤为明显。哈佛大学的一项研究指出，约 34% 的 AI 招聘工具存在显著的种族或性别偏见，直接导致就业机会分配不均。这些偏见主要源于训练数据缺乏多样性，或算法设计忽略了社会因素。因此，开发者与企业应积极构建透明的算法体系，增加算法决策的可解释性，定期审计算法，以及时发现并纠正潜在偏差。

数据安全与隐私保护问题也随着 AI 技术的应用逐渐凸显。AI 系统依靠大量数据来训练算法和做出决策，这些数据中往往包含敏感的个人信息。一旦发生泄露，将对个人与社会造成巨大损失。IBM 在 2024 年的报告指出，全球数据泄露事件的平均损失已升至 488 万美元。此外，近年来 Facebook 和 Yahoo 等知名公司发生的数据泄露事件，也进一步凸显出当前数据安全领域的漏洞与风险。

为应对数据安全威胁，各国纷纷制定相关法律法规，其中欧盟的《通用数据保护条例》（GDPR）具有典型代表性。GDPR 要求企业严格控制数据访问权限，实施数据匿名化和加密技术，并设立专门的合规官员监督数据保护。同时，增强公众的数据隐私意识也十分重要。用户在使用 AI 服务时，应具备基本的隐私防范意识，企业则需定期提供员工培训，全面提升数据保护水平。

应对 AI 伦理和安全挑战，需要技术开发、政策监管、隐私保护、数据保密、社会和国家安全、企业管理和公众规范意识共同推进，确保 AI 技术在安全、伦理、公正、法治的基础上健康发展。

13.2 AI 的发展趋势与未来

AI 技术正广泛应用于教育、医疗和交通等多个人类社会生活关键领域，推动了这些行业的智能化转型。

教育领域中，AI 辅助学习系统和智能平台的兴起为不同需求的学生提供了个性化教学服务。根据全球教育智库市场研究公司 HolonIQ 预测，到 2025 年，全球教育科技市场规模将达到 4040 亿美元，其中 AI 应用的重要性不断提升。

在医疗领域，AI 已在癌症诊断方面表现卓越。一篇发表于《自然－医学》（Nature Medicine）的研究表明，AI 辅助的医疗影像诊断准确率已超过 90%，远高于传统方法，显著提高了早期癌症的检出率。未来，AI 技术还将广泛用于精准医疗、个性化治疗及新药研发，有望进一步提升医疗效果。

交通领域的自动驾驶技术逐步成熟，企业如特斯拉、Waymo、百度等纷纷投入研发。联合市场研究公司（Allied Market Research）预测，2030 年全球自动驾驶市场规模将达到 2700 亿美元。这项技术将显著提升交通安全性和效率，并降低环境污染。

随着 AI 技术迅速发展，就业市场也在不断变化。麦肯锡公司指出，到 2030 年约 8 亿个岗位将受到自动化技术的影响，基础制造、客服等岗位面临大量替代。但同时，也会产生新兴岗位如数据分析师、AI 工程师等。据世界经济论坛预测，未来 5 年 AI 相关岗位的需求将增长 58%。

未来，生成式 AI、量子计算和元宇宙等前沿领域将引领技术发展趋势。例如，生成式 AI 如 ChatGPT 已拥有过亿用户，展现巨大市场潜力；量子计算则将突破现有 AI 计算瓶颈，提升复杂数据处理能力；元宇宙市场规模到 2030 年预计达 1.5 万亿美元，进一步拓展 AI 应用场景。

AI 技术的持续演进将深刻影响社会经济结构，推动一个更加智能和高效的未来世界。

13.3 如何利用 AI 提升职业竞争力

AI 技术的普及正迅速重塑全球就业市场格局。自动化技术取代了大量重复性岗位，如客服、行政等，但同时也创造了新职业，如数据科学家、机器学习专家。世界经济论坛预测，到 2027 年与 AI 相关岗位需求增长率将高达 58%。

为在竞争中占据优势，职场人士需掌握并高效使用 AI 工具，例如微软开发的 Copilot 和谷歌 Workspace 等智能办公平台，有效提升个人和团队生产力。微软的一项内部研究显示，使用 Copilot 可将日常工作效率提高 20% 以上。此外，自动翻译工具和智能个人助理（如豆包和 Siri）也极大简化了跨语言沟通和日常事务管理。

将 AI 技术与个人专业技能结合尤为重要。例如，营销人员使用 AI 数据分析工具精准投放广告；设计师利用 Adobe Sensei 实现快速创新；财务人员借助 AI 预测市场趋势。这种"AI+"职业技能组合将成为未来职场核心竞争力。

持续进行 AI 技能培训也十分必要。麦肯锡公司报告称，到 2030 年约三分之一的职业技能需更新换代。职场人士应密切关注行业动态，积极参加 AI 技能培训，提升自身就业竞争力。

有效运用 AI 技术，持续学习 AI 技能，将成为未来职场成功的重要因素。

13.4 AI 创业机会与商业模式

AI 技术迅猛发展，为创业提供了广泛的商业机会，尤其在智能客服、医疗诊断、自动驾驶及智能内容生成领域。据全球数据统计库 Statista 预测，到 2027 年全球 AI 市场规模将达到 4070 亿美元。

例如，AI 智能客服系统在企业客户服务中广泛应用，根据高德纳咨询公司的预测，到 2026 年，超过一半企业将采用 AI 智能客服，有效降低运营成本 30% 以上。在医疗领域，AI 影像诊断的市场规模至 2030 年将达 1202 亿美元，显著提升诊断效率与准确性。自动驾驶技术则预计于 2030 年达到 2700 亿美元的市场规模，推动交通领域智能化。

智能内容生成工具如 OpenAI 的 ChatGPT 以及 DeepSeek 快速崛起，大幅提升内容生产效率，降低运营成本，优化内容推荐策略，显著增强用户黏性。

成功的 AI 商业模式包括 SaaS、订阅制和数据驱动服务，这些模式能提供持续收入并不断提升用户体验。然而，AI 创业也面临技术更新快、政策监管严格、数据安全风险高的挑战。企业应建立完善的风险管理机制，加强技术研发，确保产品合规，实现稳健、长期增长。